农业国家标准汇编

（2024）

标准质量出版分社　编

中国农业出版社
农村设物出版社
北　京

主　　编：刘　伟

副 主 编：冀　刚

编写人员（按姓氏笔画排序）：

冯英华　刘　伟　牟芳荣

杨桂华　胡烨芳　廖　宁

冀　刚

出 版 说 明

近年来，我们陆续出版了多部中国农业标准汇编，已将2004—2021年由我社出版的5 000多项标准单行本汇编成册，得到了广大读者的一致好评。无论从阅读方式还是从参考使用上，都给读者带来了很大方便。

为了加大农业标准的宣贯力度，扩大标准汇编本的影响，满足和方便读者的需要，我们在总结以往出版经验的基础上策划了《农业国家标准汇编（2024）》。本书收录了2022年发布的食品中2，4一滴丁酸钠盐等112种农药最大残留限量、畜禽可食性组织中兽药残留量的测定、食品中41种兽药最大残留限量、水产品中兽药残留量的测定、奶及奶制品中兽药残留量的测定等方面的农业国家标准23项，并在书后附有2022年发布的6个标准公告供参考。

特别声明：

1. 汇编本着尊重原著的原则，除明显差错外，对标准中所涉及的有关量、符号、单位和编写体例均未做统一改动。

2. 从印制工艺的角度考虑，原标准中的彩色部分在此只给出黑白图片。

本书可供农业生产人员、标准管理干部和科研人员使用，也可供有关农业院校师生参考。

标准质量出版分社

2023年12月

目　录

附录

ICS 65.100
CCS G 25

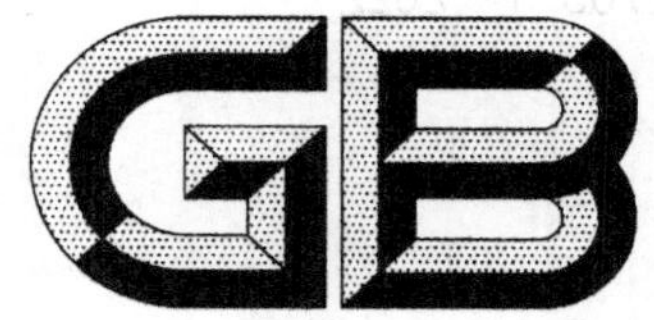

中华人民共和国国家标准

GB 2763.1—2022

食品安全国家标准
食品中2,4-滴丁酸钠盐等112种农药最大残留限量

National food safety standard—
Maximum residue limits for 112 pesticides in food

2022-11-11 发布　　　　2023-05-11 实施

中华人民共和国国家卫生健康委员会
中华人民共和国农业农村部　发布
国家市场监督管理总局

前　　言

本文件按照 GB/T 1.1—2020《标准化工作导则　第 1 部分：标准化文件的结构和起草规则》的规定起草。

本文件是 GB 2763—2021《食品安全国家标准　食品中农药最大残留限量》的增补版，相关检测方法可以与 GB 2763—2021《食品安全国家标准　食品中农药最大残留限量》配套使用。

食品安全国家标准
食品中2,4-滴丁酸钠盐等112种农药最大残留限量

1 范围

本文件规定了食品中2,4-滴丁酸钠盐等112种农药290项最大残留限量。

本文件适用于与限量相关的食品。

GB 2763—2021规定的食品类别及测定部位(附录A)适用于本文件。如某种农药的最大残留限量应用于某一食品类别时,在该食品类别下的所有食品均适用,有特别规定的除外。

GB 2763—2021规定的同一农药和食品的限量值与本文件不同时,以本文件为准。

2 规范性引用文件

下列文件中的内容通过文中的规范性引用而构成本文件必不可少的条款。其中,注日期的引用文件,仅该日期对应的版本适用于本文件;不注日期的引用文件,其最新版本(包括所有的修改单)适用于本文件。本文件与GB 2763—2021规定的配套检测方法均适用于相应参数的检测。

GB/T 5009.174 花生、大豆中异丙甲草胺残留量的测定

GB/T 20769 水果和蔬菜中450种农药及相关化学品残留量的测定 液相色谱-串联质谱法

GB/T 20770 粮谷中486种农药及相关化学品残留量的测定 液相色谱-串联质谱法

GB 23200.8 食品安全国家标准 水果和蔬菜中500种农药及相关化学品残留量的测定 气相色谱-质谱法

GB 23200.9 食品安全国家标准 粮谷中475种农药及相关化学品残留量的测定 气相色谱-质谱法

GB 23200.13 食品安全国家标准 茶叶中448种农药及相关化学品残留量的测定 液相色谱-质谱法

GB 23200.20 食品安全国家标准 食品中阿维菌素残留量的测定 液相色谱-质谱/质谱法

GB 23200.34 食品安全国家标准 食品中涕灭砜威、吡唑醚菌酯、嘧菌酯等65种农药残留量的测定 液相色谱-质谱/质谱法

GB 23200.49 食品安全国家标准 食品中苯醚甲环唑残留量的测定 气相色谱-质谱法

GB 23200.51 食品安全国家标准 食品中呋虫胺残留量的测定 液相色谱-质谱/质谱法

GB 23200.54 食品安全国家标准 食品中甲氧基丙烯酸酯类杀菌剂残留量的测定 气相色谱-质谱法

GB 23200.69 食品安全国家标准 食品中二硝基苯胺类农药残留量的测定 液相色谱-质谱/质谱法

GB 23200.73 食品安全国家标准 食品中鱼藤酮和印楝素残留量的测定 液相色谱-质谱/质谱法

GB 23200.112 食品安全国家标准 植物源性食品中9种氨基甲酸酯类农药及其代谢物残留量的测定 液相色谱-柱后衍生法

GB 23200.113 食品安全国家标准 植物源性食品中208种农药及其代谢物残留量的测定 气相色谱-质谱联用法

GB 23200.116 食品安全国家标准 植物源性食品中90种有机磷类农药及其代谢物残留量的测定 气相色谱法

GB 23200.118 食品安全国家标准 植物源性食品中单氰胺残留量的测定 液相色谱-质谱联用法

GB 23200.119 食品安全国家标准 植物源性食品中沙蚕毒素类农药残留量的测定 气相色谱法

GB 23200.121 食品安全国家标准 植物源性食品中331种农药及其代谢物残留量的测定 液相色谱-质谱联用法

NY/T 761 蔬菜和水果中有机磷、有机氯、拟除虫菊酯和氨基甲酸酯类农药多残留的测定

NY/T 1379 蔬菜中334种农药多残留的测定 气相色谱质谱法和液相色谱质谱法

NY/T 1434　蔬菜中 2,4-D 等 13 种除草剂多残留的测定　液相色谱质谱法
NY/T 1453　蔬菜及水果中多菌灵等 16 种农药残留测定　液相色谱-质谱-质谱联用法
NY/T 1456　水果中咪鲜胺残留量的测定　气相色谱法
NY/T 1680　蔬菜水果中多菌灵等 4 种苯并咪唑类农药残留量的测定　高效液相色谱法
SN 0157　出口水果中二硫代氨基甲酸酯残留量检验方法
SN/T 1541　出口茶叶中二硫代氨基甲酸酯总残留量检验方法
SN/T 2152　进出口食品中氟铃脲残留量检测方法　高效液相色谱-质谱/质谱法
SN/T 2228　进出口食品中 31 种酸性除草剂残留量的检测方法　气相色谱-质谱法
SN/T 2560　进出口食品中氨基甲酸酯类农药残留量的测定　液相色谱-质谱/质谱法
SN/T 2917　出口食品中烯酰吗啉残留量检测方法
SN/T 3860　出口食品中吡蚜酮残留量的测定　液相色谱-质谱/质谱法
SN/T 3862　出口食品中沙蚕毒素类农药残留量的筛查测定　气相色谱法
SN/T 4264　出口食品中四聚乙醛残留量的检测方法　气相色谱-质谱法
SN/T 4891　出口食品中螺虫乙酯残留量的测定　高效液相色谱和液相色谱-质谱/质谱法
SN/T 5221　出口植物源食品中氯虫苯甲酰胺残留量的测定
YC/T 218　烟草及烟草制品　菌核净农药残留量的测定　气相色谱法

3　术语和定义

下列术语和定义适用于本文件。

3.1

残留物　residue definition

由于使用农药而在食品、农产品和动物饲料中出现的任何特定物质，包括被认为具有毒理学意义的农药衍生物，如农药转化物、代谢物、反应产物及杂质等。

3.2

最大残留限量　maximum residue limit(MRL)

在食品或农产品内部或表面法定允许的农药最大浓度，以每千克食品或农产品中农药残留的毫克数表示(mg/kg)。

3.3

每日允许摄入量　acceptable daily intake(ADI)

人类终生每日摄入某物质，而不产生可检测到的危害健康的估计量，以每千克体重可摄入的量表示(mg/kg bw)。

4　技术要求

4.1　2,4-滴丁酸钠盐(2,4-D dichlorophenoxybutyric acid salt)

4.1.1　主要用途：除草剂。

4.1.2　ADI：0.02 mg/kg bw。

4.1.3　残留物：2,4-滴丁酸。

4.1.4　最大残留限量：应符合表 1 的规定。

表 1

食品类别/名称	最大残留限量，mg/kg
谷物	
稻谷	0.05
糙米	0.05

4.1.5 检测方法:谷物按照 SN/T 2228 规定的方法测定。

4.2 2,4-滴二甲胺盐(2,4-D dimethyl amine salt)

4.2.1 主要用途:除草剂。

4.2.2 ADI:0.01 mg/kg bw。

4.2.3 残留物:2,4-滴。

4.2.4 最大残留限量:应符合表 2 的规定。

表 2

食品类别/名称	最大残留限量,mg/kg
水果	
柑	0.1
橘	0.1
橙	0.1

4.2.5 检测方法:水果参照 NY/T 1434 规定的方法测定。

4.3 2,4-滴三乙醇胺盐(2,4-D triethanolamine salt)

4.3.1 主要用途:植物生长调节剂。

4.3.2 ADI:0.01 mg/kg bw。

4.3.3 残留物:2,4-滴。

4.3.4 最大残留限量:应符合表 3 的规定。

表 3

食品类别/名称	最大残留限量,mg/kg
蔬菜	
大白菜	0.2
番茄	0.5
茄子	0.1

4.3.5 检测方法:蔬菜按照 NY/T 1434 规定的方法测定。

4.4 2 甲 4 氯异丙胺盐(MCPA-isopropylamine salt)

4.4.1 主要用途:除草剂。

4.4.2 ADI:0.1 mg/kg bw。

4.4.3 残留物:2 甲 4 氯。

4.4.4 最大残留限量:应符合表 4 的规定。

表 4

食品类别/名称	最大残留限量,mg/kg
水果	
柑	0.1
橘	0.1
橙	0.1

4.4.5 检测方法:水果参照 NY/T 1434 规定的方法测定。

4.5 阿维菌素(abamectin)

4.5.1 主要用途:杀虫剂。

4.5.2 ADI:0.001 mg/kg bw。

4.5.3 残留物:阿维菌素 B1a。

4.5.4 最大残留限量:应符合表5的规定。

表5

食品类别/名称	最大残留限量,mg/kg
谷物	
高粱	0.05
蔬菜	
蕹菜	0.1
水果	
杏	0.02

4.5.5 检测方法:谷物、蔬菜、水果按照GB 23200.20、GB 23200.121规定的方法测定。

4.6 百菌清(chlorothalonil)

4.6.1 主要用途:杀菌剂。

4.6.2 ADI:0.02 mg/kg bw。

4.6.3 残留物:百菌清。

4.6.4 最大残留限量:应符合表6的规定。

表6

食品类别/名称	最大残留限量,mg/kg
蔬菜	
大蒜	0.5
蒜薹	2
百合(鲜)	0.05
萝卜	2
药用植物	
百合(干)	0.05

4.6.5 检测方法:蔬菜按照NY/T 761规定的方法测定;药用植物参照NY/T 761规定的方法测定。

4.7 倍硫磷(fenthion)

4.7.1 主要用途:杀虫剂。

4.7.2 ADI:0.007 mg/kg bw。

4.7.3 残留物:倍硫磷及其氧类似物(亚砜、砜化合物)之和,以倍硫磷表示。

4.7.4 最大残留限量:应符合表7的规定。

表7

食品类别/名称	最大残留限量,mg/kg
油料和油脂	
大豆	0.05
蔬菜	
菜用大豆	0.2

4.7.5 检测方法:油料和油脂、蔬菜按照GB 23200.113、GB 23200.116、GB 23200.121规定的方法测定。

4.8 苯并烯氟菌唑(benzovindiflupyr)

4.8.1 主要用途:杀菌剂。

4.8.2 ADI:0.05 mg/kg bw。

4.8.3 残留物:苯并烯氟菌唑。

4.8.4 最大残留限量:应符合表8的规定。

表 8

食品类别/名称	最大残留限量,mg/kg
油料和油脂	
花生仁	0.02

4.8.5 检测方法:油料和油脂按照 GB 23200.121 规定的方法测定。

4.9 苯醚甲环唑(difenoconazole)

4.9.1 主要用途:杀菌剂。

4.9.2 ADI:0.01 mg/kg bw。

4.9.3 残留物:苯醚甲环唑。

4.9.4 最大残留限量:应符合表 9 的规定。

表 9

食品类别/名称	最大残留限量,mg/kg
谷物	
绿豆	0.2
蔬菜	
百合(鲜)	0.05
水果	
枇杷	5
杏	0.5
枣(鲜)	5
蓝莓	5
药用植物	
百合(干)	0.05

4.9.5 检测方法:谷物按照 GB 23200.49、GB 23200.121 规定的方法测定;蔬菜、水果、药用植物按照 GB 23200.113、GB 23200.121 规定的方法测定。

4.10 苯肽胺酸(phthalanillic acid)

4.10.1 主要用途:植物生长调节剂。

4.10.2 ADI:0.024 mg/kg bw。

4.10.3 残留物:苯肽胺酸。

4.10.4 最大残留限量:应符合表 10 的规定。

表 10

食品类别/名称	最大残留限量,mg/kg
油料和油脂	
大豆	1*
蔬菜	
菜用大豆	2*
水果	
枣(鲜)	0.02*
* 该限量为临时限量。	

4.11 苯唑氟草酮(fenpyrazone)

4.11.1 主要用途:除草剂。

4.11.2 ADI:0.002 8 mg/kg bw。

4.11.3 残留物:苯唑氟草酮。

4.11.4 最大残留限量:应符合表 11 的规定。

表 11

食品类别/名称	最大残留限量,mg/kg
谷物	
玉米	0.02[a]
鲜食玉米	0.02[a]
[a] 该限量为临时限量。	

4.12 吡虫啉(imidacloprid)

4.12.1 主要用途:杀虫剂。

4.12.2 ADI:0.06 mg/kg bw。

4.12.3 残留物:吡虫啉。

4.12.4 最大残留限量:应符合表 12 的规定。

表 12

食品类别/名称	最大残留限量,mg/kg
蔬菜	
苋菜	10
茼蒿	5
蕹菜	1
黄秋葵	3
水果	
猕猴桃	2

4.12.5 检测方法:蔬菜、水果按照 GB 23200.121、GB/T 20769 规定的方法测定。

4.13 吡噻菌胺(penthiopyrad)

4.13.1 主要用途:杀菌剂。

4.13.2 ADI:0.1 mg/kg bw。

4.13.3 残留物:吡噻菌胺。

4.13.4 最大残留限量:应符合表 13 的规定。

表 13

食品类别/名称	最大残留限量,mg/kg
蔬菜	
黄瓜	0.5
水果	
葡萄	1

4.13.5 检测方法:蔬菜、水果按照 GB 23200.121 规定的方法测定。

4.14 吡蚜酮(pymetrozine)

4.14.1 主要用途:杀虫剂。

4.14.2 ADI:0.03 mg/kg bw。

4.14.3 残留物:吡蚜酮。

4.14.4 最大残留限量:应符合表 14 的规定。

表 14

食品类别/名称	最大残留限量,mg/kg
蔬菜	
马铃薯	0.02
饮料类	
菊花(鲜)	0.1
菊花(干)	0.1

4.14.5 检测方法:蔬菜、饮料类按照 SN/T 3860 规定的方法测定。

4.15 吡唑醚菌酯(pyraclostrobin)

4.15.1 主要用途:杀菌剂。

4.15.2 ADI:0.03 mg/kg bw。

4.15.3 残留物:吡唑醚菌酯。

4.15.4 最大残留限量:应符合表 15 的规定。

表 15

食品类别/名称	最大残留限量,mg/kg
蔬菜	
百合(鲜)	0.05
药用植物	
百合(干)	0.1

4.15.5 检测方法:蔬菜、药用植物按照 GB 23200.8、GB 23200.121 规定的方法测定。

4.16 丙溴磷(profenofos)

4.16.1 主要用途:杀虫剂。

4.16.2 ADI:0.03 mg/kg bw。

4.16.3 残留物:丙溴磷。

4.16.4 最大残留限量:应符合表 16 的规定。

表 16

食品类别/名称	最大残留限量,mg/kg
蔬菜	
青花菜	2
菜薹	10
大白菜	2

4.16.5 检测方法:蔬菜按照 GB 23200.8、GB 23200.113、GB 23200.116、GB 23200.121、NY/T 761 规定的方法测定。

4.17 虫螨腈(chlorfenapyr)

4.17.1 主要用途:杀虫剂。

4.17.2 ADI:0.03 mg/kg bw。

4.17.3 残留物:虫螨腈。

4.17.4 最大残留限量:应符合表 17 的规定。

表 17

食品类别/名称	最大残留限量,mg/kg
蔬菜	
花椰菜	2
菜薹	10
萝卜	1
芥菜根	2

4.17.5 检测方法:蔬菜按照 GB 23200.8 规定的方法测定。

4.18 春雷霉素(kasugamycin)

4.18.1 主要用途:杀菌剂。

4.18.2 ADI:0.113 mg/kg bw。

4.18.3 残留物:春雷霉素。

4.18.4 最大残留限量:应符合表 18 的规定。

表 18

食品类别/名称	最大残留限量,mg/kg
蔬菜	
马铃薯	0.2[a]
[a] 该限量为临时限量。	

4.19 哒螨灵(pyridaben)

4.19.1 主要用途:杀螨剂。

4.19.2 ADI:0.01 mg/kg bw。

4.19.3 残留物:哒螨灵。

4.19.4 最大残留限量:应符合表 19 的规定。

表 19

食品类别/名称	最大残留限量,mg/kg
蔬菜	
萝卜	0.5
水果	
樱桃	2

4.19.5 检测方法:蔬菜按照 GB 23200.8、GB 23200.113、GB 23200.121、GB/T 20769 规定的方法测定;水果按照 GB 23200.113、GB 23200.121、GB/T 20769 规定的方法测定。

4.20 代森锰锌(mancozeb)

4.20.1 主要用途:杀菌剂。

4.20.2 ADI:0.03 mg/kg bw。

4.20.3 残留物:二硫代氨基甲酸盐(或酯),以二硫化碳表示。

4.20.4 最大残留限量:应符合表 20 的规定。

表 20

食品类别/名称	最大残留限量,mg/kg
蔬菜	
苦瓜	5

4.20.5 检测方法:蔬菜按照 SN 0157 规定的方法测定。

4.21 代森锌(zineb)

4.21.1 主要用途:杀菌剂。

4.21.2 ADI:0.03 mg/kg bw。

4.21.3 残留物:二硫代氨基甲酸盐(或酯),以二硫化碳表示。

4.21.4 最大残留限量:应符合表21的规定。

表21

食品类别/名称	最大残留限量,mg/kg
蔬菜	
菠菜	50
冬瓜	1
豇豆	3
甘薯	0.5
水果	
梨	5
饮料类	
茶叶	50

4.21.5 检测方法:蔬菜、水果按照 SN 0157 规定的方法测定;饮料类按照 SN/T 1541 规定的方法测定。

4.22 单氰胺(cyanamide)

4.22.1 主要用途:植物生长调节剂。

4.22.2 ADI:0.002 mg/kg bw。

4.22.3 残留物:单氰胺。

4.22.4 最大残留限量:应符合表22的规定。

表22

食品类别/名称	最大残留限量,mg/kg
水果	
樱桃	0.1

4.22.5 检测方法:水果按照 GB 23200.118 规定的方法测定。

4.23 敌磺钠(fenaminosulf)

4.23.1 主要用途:杀菌剂。

4.23.2 ADI:0.02 mg/kg bw。

4.23.3 残留物:敌磺钠。

4.23.4 最大残留限量:应符合表23的规定。

表23

食品类别/名称	最大残留限量,mg/kg
谷物	
小麦	0.1*
* 该限量为临时限量。	

4.24 丁醚脲(diafenthiuron)

4.24.1 主要用途:杀虫剂/杀螨剂。

4.24.2 ADI:0.003 mg/kg bw。

4.24.3 残留物:丁醚脲。

4.24.4 最大残留限量:应符合表24的规定。

表 24

食品类别/名称	最大残留限量,mg/kg
蔬菜	
大白菜	3
萝卜	2

4.24.5 检测方法:蔬菜参照 GB 23200.13 规定的方法测定。

4.25 啶虫脒(acetamiprid)

4.25.1 主要用途:杀虫剂。

4.25.2 ADI:0.07 mg/kg bw。

4.25.3 残留物:啶虫脒。

4.25.4 最大残留限量:应符合表 25 的规定。

表 25

食品类别/名称	最大残留限量,mg/kg
药用植物	
金银花(鲜)	5
金银花(干)	15

4.25.5 检测方法:药用植物按照 GB 23200.121 规定的方法测定。

4.26 啶酰菌胺(boscalid)

4.26.1 主要用途:杀菌剂。

4.26.2 ADI:0.04 mg/kg bw。

4.26.3 残留物:啶酰菌胺。

4.26.4 最大残留限量:应符合表 26 的规定。

表 26

食品类别/名称	最大残留限量,mg/kg
饮料类	
菊花(鲜)	5
菊花(干)	30

4.26.5 检测方法:饮料类按照 GB 23200.13、GB 23200.113、GB 23200.121 规定的方法测定。

4.27 对氯苯氧乙酸钠(4-chlorophenoxyacetic acid sodium salt)

4.27.1 主要用途:植物生长调节剂。

4.27.2 ADI:0.009 6 mg/kg bw。

4.27.3 残留物:对氯苯氧乙酸。

4.27.4 最大残留限量:应符合表 27 的规定。

表 27

食品类别/名称	最大残留限量,mg/kg
蔬菜	
番茄	0.05*
水果	
荔枝	0.05*
* 该限量为临时限量。	

4.28 多果定(dodine)

4.28.1 主要用途:杀菌剂。

4.28.2 ADI:0.1 mg/kg bw。

4.28.3 残留物:多果定。

4.28.4 最大残留限量:应符合表 28 的规定。

表 28

食品类别/名称	最大残留限量,mg/kg
蔬菜	
黄瓜	0.05*
* 该限量为临时限量。	

4.29 多菌灵(carbendazim)

4.29.1 主要用途:杀菌剂。

4.29.2 ADI:0.03 mg/kg bw。

4.29.3 残留物:多菌灵。

4.29.4 最大残留限量:应符合表 29 的规定。

表 29

食品类别/名称	最大残留限量,mg/kg
水果	
龙眼	10
食用菌	
双孢蘑菇	10

4.29.5 检测方法:水果按照 GB 23200.121、GB/T 20769 规定的方法测定;食用菌按照 GB 23200.121 规定的方法测定。

4.30 多抗霉素(polyoxins)

4.30.1 主要用途:杀菌剂。

4.30.2 ADI:10 mg/kg bw。

4.30.3 残留物:多抗霉素 B。

4.30.4 最大残留限量:应符合表 30 的规定。

表 30

食品类别/名称	最大残留限量,mg/kg
水果	
草莓	0.5*
* 该限量为临时限量。	

4.31 噁草酸(propaquizafop)

4.31.1 主要用途:除草剂。

4.31.2 ADI:0.015 mg/kg bw。

4.31.3 残留物:噁草酸和喹禾灵酸之和,以喹禾灵酸计。

4.31.4 最大残留限量:应符合表 31 的规定。

表 31

食品类别/名称	最大残留限量,mg/kg
油料和油脂	
大豆	0.1*

表 31（续）

食品类别/名称	最大残留限量，mg/kg
蔬菜	
菜用大豆	0.2*
马铃薯	0.1*
* 该限量为临时限量。	

4.32 **噁草酮(oxadiazon)**

4.32.1 主要用途：除草剂。

4.32.2 ADI：0.003 6 mg/kg bw。

4.32.3 残留物：噁草酮。

4.32.4 最大残留限量：应符合表 32 的规定。

表 32

食品类别/名称	最大残留限量，mg/kg
油料和油脂	
油菜籽	0.05

4.32.5 检测方法：油料和油脂按照 GB 23200.113、GB 23200.121 规定的方法测定。

4.33 **二氯喹啉酸(quinclorac)**

4.33.1 主要用途：除草剂。

4.33.2 ADI：0.4 mg/kg bw。

4.33.3 残留物：二氯喹啉酸。

4.33.4 最大残留限量：应符合表 33 的规定。

表 33

食品类别/名称	最大残留限量，mg/kg
油料和油脂	
油菜籽	0.02*
* 该限量为临时限量。	

4.34 **呋虫胺(dinotefuran)**

4.34.1 主要用途：杀虫剂。

4.34.2 ADI：0.2 mg/kg bw。

4.34.3 残留物：呋虫胺。

4.34.4 最大残留限量：应符合表 34 的规定。

表 34

食品类别/名称	最大残留限量，mg/kg
饮料类	
茉莉花(鲜)	2
茉莉花(干)	0.05

4.34.5 检测方法：饮料类按照 GB 23200.51、GB 23200.121 规定的方法测定。

4.35 **氟吡酰草胺(picolinafen)**

4.35.1 主要用途：除草剂。

4.35.2 ADI：0.014 mg/kg bw。

4.35.3 残留物:氟吡酰草胺。

4.35.4 最大残留限量:应符合表 35 的规定。

表 35

食品类别/名称	最大残留限量,mg/kg
谷物	
小麦	0.02

4.35.5 检测方法:谷物按照 GB 23200.121 规定的方法测定。

4.36 **氟啶胺(fluazinam)**

4.36.1 主要用途:杀菌剂。

4.36.2 ADI:0.01 mg/kg bw。

4.36.3 残留物:氟啶胺。

4.36.4 最大残留限量:应符合表 36 的规定。

表 36

食品类别/名称	最大残留限量,mg/kg
药用植物	
人参(鲜)	0.2
人参(干)	1

4.36.5 检测方法:药用植物按照 GB 23200.121 规定的方法测定。

4.37 **氟啶草酮(fluridone)**

4.37.1 主要用途:除草剂。

4.37.2 ADI:0.15 mg/kg bw。

4.37.3 残留物:氟啶草酮。

4.37.4 最大残留限量:应符合表 37 的规定。

表 37

食品类别/名称	最大残留限量,mg/kg
油料和油脂	
棉籽	0.02*
* 该限量为临时限量。	

4.38 **氟啶虫胺腈(sulfoxaflor)**

4.38.1 主要用途:杀虫剂。

4.38.2 ADI:0.05 mg/kg bw。

4.38.3 残留物:氟啶虫胺腈。

4.38.4 最大残留限量:应符合表 38 的规定。

表 38

食品类别/名称	最大残留限量,mg/kg
蔬菜	
大白菜	1
水果	
猕猴桃	2
西瓜	0.02

4.38.5 检测方法:蔬菜、水果按照 GB 23200.121 规定的方法测定。

4.39 **氟铃脲(hexaflumuron)**

4.39.1 主要用途:杀虫剂。

4.39.2 ADI:0.02 mg/kg bw。

4.39.3 残留物:氟铃脲。

4.39.4 最大残留限量:应符合表 39 的规定。

表 39

食品类别/名称	最大残留限量,mg/kg
蔬菜	
花椰菜	2
芥蓝	10
菜薹	5
普通白菜	5
大白菜	3
萝卜	2

4.39.5 检测方法:蔬菜按照 GB 23200.121、GB/T 20769、SN/T 2152 规定的方法测定。

4.40 **氟氯氰菊酯(cyfluthrin)**

4.40.1 主要用途:杀虫剂。

4.40.2 ADI:0.04 mg/kg bw。

4.40.3 残留物:氟氯氰菊酯(异构体之和)。

4.40.4 最大残留限量:应符合表 40 的规定。

表 40

食品类别/名称	最大残留限量,mg/kg
谷物	
绿豆	0.1
蔬菜	
菜薹	3
萝卜	0.1

4.40.5 检测方法:谷物按照 GB 23200.113 规定的方法测定;蔬菜按照 GB 23200.8、GB 23200.113、NY/T 761 规定的方法测定。

4.41 **氟吗啉(flumorph)**

4.41.1 主要用途:杀菌剂。

4.41.2 ADI:0.16 mg/kg bw。

4.41.3 残留物:氟吗啉。

4.41.4 最大残留限量:应符合表 41 的规定。

表 41

食品类别/名称	最大残留限量,mg/kg
蔬菜	
辣椒	0.7

4.41.5 检测方法:蔬菜按照 GB 23200.121 规定的方法测定。

4.42 **氟噻唑吡乙酮(oxathiapiprolin)**

4.42.1 主要用途:杀菌剂。

4.42.2 ADI:4 mg/kg bw。

4.42.3 残留物:氟噻唑吡乙酮。

4.42.4 最大残留限量:应符合表 42 的规定。

表 42

食品类别/名称	最大残留限量,mg/kg
水果	
葡萄	1*
* 该限量为临时限量。	

4.43 氟烯线砜(fluensulfone)

4.43.1 主要用途:杀线虫剂。

4.43.2 ADI:0.01 mg/kg bw。

4.43.3 残留物:氟烯线砜及其代谢物 3,4,4-三氟-3-烯-1-磺酸(BSA)之和,以氟烯线砜表示。

4.43.4 最大残留限量:应符合表 43 的规定。

表 43

食品类别/名称	最大残留限量,mg/kg
蔬菜	
黄瓜	0.5*
* 该限量为临时限量。	

4.44 氟唑菌酰胺(fluxapyroxad)

4.44.1 主要用途:杀菌剂。

4.44.2 ADI:0.02 mg/kg bw。

4.44.3 残留物:氟唑菌酰胺。

4.44.4 最大残留限量:应符合表 44 的规定。

表 44

食品类别/名称	最大残留限量,mg/kg
蔬菜	
马铃薯	0.02
水果	
葡萄	1

4.44.5 检测方法:蔬菜、水果按照 GB 23200.121 规定的方法测定。

4.45 氟唑菌酰羟胺(pydiflumetofen)

4.45.1 主要用途:杀菌剂。

4.45.2 ADI:0.1 mg/kg bw。

4.45.3 残留物:氟唑菌酰羟胺。

4.45.4 最大残留限量:应符合表 45 的规定。

表 45

食品类别/名称	最大残留限量,mg/kg
谷物	
小麦	2*
油料和油脂	
油菜籽	0.1*

表 45（续）

食品类别/名称	最大残留限量,mg/kg
蔬菜	
黄瓜	0.5*
水果	
西瓜	0.02*
* 该限量为临时限量。	

4.46 **腐霉利(procymidone)**

4.46.1 主要用途:杀菌剂。

4.46.2 ADI:0.1 mg/kg bw。

4.46.3 残留物:腐霉利。

4.46.4 最大残留限量:应符合表 46 的规定。

表 46

食品类别/名称	最大残留限量,mg/kg
蔬菜	
韭菜	5

4.46.5 检测方法:蔬菜按照 GB 23200.8、GB 23200.113、GB 23200.121、NY/T 761 规定的方法测定。

4.47 **环氧虫啶(cycloxaprid)**

4.47.1 主要用途:杀虫剂。

4.47.2 ADI:0.005 mg/kg bw。

4.47.3 残留物:环氧虫啶。

4.47.4 最大残留限量:应符合表 47 的规定。

表 47

食品类别/名称	最大残留限量,mg/kg
蔬菜	
甘蓝	1*
* 该限量为临时限量。	

4.48 **混灭威(dimethacarb)**

4.48.1 主要用途:杀虫剂。

4.48.2 ADI:无。

4.48.3 残留物:灭除威和灭杀威之和。

4.48.4 最大残留限量:应符合表 48 的规定。

表 48

食品类别/名称	最大残留限量,mg/kg
谷物	
稻谷	3*
糙米	0.5*
* 该限量为临时限量。	

4.49 **甲氨基阿维菌素苯甲酸盐(emamectin benzoate)**

4.49.1 主要用途:杀虫剂。

4.49.2 ADI:0.000 5 mg/kg bw。

4.49.3 残留物:甲氨基阿维菌素 B1a。

4.49.4 最大残留限量:应符合表 49 的规定。

表 49

食品类别/名称	最大残留限量,mg/kg
蔬菜	
豇豆	0.2
药用植物	
金银花(鲜)	0.05
金银花(干)	0.1

4.49.5 检测方法:蔬菜按照 GB 23200.121、GB/T 20769 规定的方法测定;药用植物按照 GB 23200.121 规定的方法测定。

4.50 甲基硫菌灵(thiophanate-methyl)

4.50.1 主要用途:杀菌剂。

4.50.2 ADI:0.09 mg/kg bw。

4.50.3 残留物:甲基硫菌灵和多菌灵之和,以多菌灵表示。

4.50.4 最大残留限量:应符合表 50 的规定。

表 50

食品类别/名称	最大残留限量,mg/kg
蔬菜	
大蒜	0.2
青蒜	20
蒜薹	10
洋葱	0.3
葱	10
韭菜	5
花椰菜	5
普通白菜	7
丝瓜	10
豇豆	2
萝卜	0.3
姜	0.5
水果	
桑葚	3
糖料	
甜菜	0.05

4.50.5 检测方法:蔬菜、水果按照 GB 23200.121、NY/T 1680 规定的方法测定;糖料按照 GB 23200.121 规定的方法测定。

4.51 甲哌鎓(mepiquat chloride)

4.51.1 主要用途:植物生长调节剂。

4.51.2 ADI:0.195 mg/kg bw。

4.51.3 残留物:甲哌鎓阳离子,以甲哌鎓表示。

4.51.4 最大残留限量:应符合表 51 的规定。

表 51

食品类别/名称	最大残留限量,mg/kg
谷物	
玉米	0.05*
鲜食玉米	0.05*
* 该限量为临时限量。	

4.52 **甲氧虫酰肼(methoxyfenozide)**

4.52.1 主要用途:杀虫剂。

4.52.2 ADI:0.1 mg/kg bw。

4.52.3 残留物:甲氧虫酰肼。

4.52.4 最大残留限量:应符合表 52 的规定。

表 52

食品类别/名称	最大残留限量,mg/kg
蔬菜	
甜椒	0.5

4.52.5 检测方法:蔬菜按照 GB 23200.121、GB/T 20769 规定的方法测定。

4.53 **腈吡螨酯(cyenopyrafen)**

4.53.1 主要用途:杀菌剂。

4.53.2 ADI:0.05 mg/kg bw。

4.53.3 残留物:腈吡螨酯。

4.53.4 最大残留限量:应符合表 53 的规定。

表 53

食品类别/名称	最大残留限量,mg/kg
水果	
苹果	2*
* 该限量为临时限量。	

4.54 **精噁唑禾草灵(fenoxaprop-P-ethyl)**

4.54.1 主要用途:除草剂。

4.54.2 ADI:0.002 5 mg/kg bw。

4.54.3 残留物:噁唑禾草灵。

4.54.4 最大残留限量:应符合表 54 的规定。

表 54

食品类别/名称	最大残留限量,mg/kg
油料和油脂	
大豆	0.05
蔬菜	
菜用大豆	0.2

4.54.5 检测方法:油料和油脂按照 GB 23200.121 规定的方法测定;蔬菜按照 GB 23200.121、NY/T 1379 规定的方法测定。

4.55 **精甲霜灵(metalaxyl-M)**

4.55.1 主要用途:杀菌剂。

4.55.2 ADI:0.08 mg/kg bw。

4.55.3 残留物:甲霜灵。

4.55.4 最大残留限量:应符合表55的规定。

表55

食品类别/名称	最大残留限量,mg/kg
药用植物	
石斛(鲜)	0.5
石斛(干)	2

4.55.5 检测方法:药用植物按照GB 23200.113、GB 23200.121规定的方法测定。

4.56 精喹禾灵(quizalofop-P-ethyl)

4.56.1 主要用途:除草剂。

4.56.2 ADI:0.009 mg/kg bw。

4.56.3 残留物:喹禾灵与喹禾灵酸之和,以喹禾灵酸计。

4.56.4 最大残留限量:应符合表56的规定。

表56

食品类别/名称	最大残留限量,mg/kg
谷物	
绿豆	0.05

4.56.5 检测方法:谷物按照GB 23200.121、GB/T 20770规定的方法测定。

4.57 井冈霉素(jiangangmycin)

4.57.1 主要用途:杀菌剂。

4.57.2 ADI:0.1 mg/kg bw。

4.57.3 残留物:井冈霉素A。

4.57.4 最大残留限量:应符合表57的规定。

表57

食品类别/名称	最大残留限量,mg/kg
水果	
枇杷	0.2*
杨梅	2*
* 该限量为临时限量。	

4.58 菌核净(dimetachlone)

4.58.1 主要用途:杀菌剂。

4.58.2 ADI:0.001 3 mg/kg bw。

4.58.3 残留物:菌核净。

4.58.4 最大残留限量:应符合表58的规定。

表58

食品类别/名称	最大残留限量,mg/kg
谷物	
稻谷	0.1
糙米	0.02

4.58.5 检测方法：谷物参照 YC/T 218 规定的方法测定。

4.59 抗蚜威(pirimicarb)

4.59.1 主要用途：杀虫剂。

4.59.2 ADI：0.02 mg/kg bw。

4.59.3 残留物：抗蚜威。

4.59.4 最大残留限量：应符合表 59 的规定。

表 59

食品类别/名称	最大残留限量，mg/kg
蔬菜	
萝卜	0.1

4.59.5 检测方法：蔬菜按照 GB 23200.121、GB/T 20769 规定的方法测定。

4.60 联苯菊酯(bifenthrin)

4.60.1 主要用途：杀虫剂/杀螨剂。

4.60.2 ADI：0.01 mg/kg bw。

4.60.3 残留物：联苯菊酯(异构体之和)。

4.60.4 最大残留限量：应符合表 60 的规定。

表 60

食品类别/名称	最大残留限量，mg/kg
药用植物	
金银花(鲜)	7
金银花(干)	15

4.60.5 检测方法：药用植物按照 GB 23200.113、GB 23200.121 规定的方法测定。

4.61 硫酰氟(sulfuryl fluoride)

4.61.1 主要用途：杀虫剂。

4.61.2 ADI：0.01 mg/kg bw。

4.61.3 残留物：硫酰氟。

4.61.4 最大残留限量：应符合表 61 的规定。

表 61

食品类别/名称	最大残留限量，mg/kg
蔬菜	
姜	0.02*
* 该限量为临时限量。	

4.62 螺虫乙酯(spirotetramat)

4.62.1 主要用途：杀虫剂。

4.62.2 ADI：0.05 mg/kg bw。

4.62.3 残留物：螺虫乙酯及其代谢物顺式-3-(2,5-二甲基苯基)-4-羰基-8-甲氧基-1-氮杂螺[4,5]癸-3-烯-2-酮之和，以螺虫乙酯表示。

4.62.4 最大残留限量：应符合表 62 的规定。

表 62

食品类别/名称	最大残留限量,mg/kg
谷物	
豌豆	0.1
蚕豆(干)	1
蔬菜	
食荚豌豆	2
蚕豆(鲜)	2
水果	
枇杷	0.2
杏	0.5
西瓜	0.1

4.62.5 检测方法:谷物、蔬菜、水果按照 GB 23200.121、SN/T 4891 规定的方法测定。

4.63 螺螨双酯(spirobudiclofen)

4.63.1 主要用途:杀螨剂。

4.63.2 ADI:0.015 mg/kg bw。

4.63.3 残留物:螺螨双酯。

4.63.4 最大残留限量:应符合表 63 的规定。

表 63

食品类别/名称	最大残留限量,mg/kg
水果	
柑	0.2*
橘	0.2*
橙	0.2*
* 该限量为临时限量。	

4.64 氯虫苯甲酰胺(chlorantraniliprole)

4.64.1 主要用途:杀虫剂。

4.64.2 ADI:2 mg/kg bw。

4.64.3 残留物:氯虫苯甲酰胺。

4.64.4 最大残留限量:应符合表 64 的规定。

表 64

食品类别/名称	最大残留限量,mg/kg
谷物	
玉米	0.02
鲜食玉米	0.02
蔬菜	
洋葱	0.05
水果	
杏	2
樱桃	1
荔枝	1

4.64.5 检测方法:谷物按照 GB 23200.121 规定的方法测定;蔬菜、水果按照 GB 23200.121、SN/T 5221 规定的方法测定。

4.65 氯氟醚菌唑(mefentrifluconazole)

4.65.1 主要用途:杀菌剂。

4.65.2 ADI:0.035 mg/kg bw。

4.65.3 残留物:氯氟醚菌唑。

4.65.4 最大残留限量:应符合表65的规定。

表65

食品类别/名称	最大残留限量,mg/kg
谷物	
玉米	0.02*
鲜食玉米	0.03*
蔬菜	
番茄	7*
水果	
苹果	3*
葡萄	5*
* 该限量为临时限量。	

4.66 氯氟氰菊酯(cyhalothrin)

4.66.1 主要用途:杀虫剂。

4.66.2 ADI:0.02 mg/kg bw。

4.66.3 残留物:氯氟氰菊酯(异构体之和)。

4.66.4 最大残留限量:应符合表66的规定。

表66

食品类别/名称	最大残留限量,mg/kg
水果	
香蕉	2

4.66.5 检测方法:水果按照GB 23200.8、GB 23200.113、NY/T 761规定的方法测定。

4.67 氯溴异氰尿酸(chloroisobromine cyanuric acid)

4.67.1 主要用途:杀菌剂。

4.67.2 ADI:0.007 mg/kg bw。

4.67.3 残留物:氯溴异氰尿酸,以氰尿酸计。

4.67.4 最大残留限量:应符合表67的规定。

表67

食品类别/名称	最大残留限量,mg/kg
蔬菜	
番茄	0.2*
* 该限量为临时限量。	

4.68 马拉硫磷(malathion)

4.68.1 主要用途:杀虫剂。

4.68.2 ADI:0.3 mg/kg bw。

4.68.3 残留物:马拉硫磷。

4.68.4 最大残留限量:应符合表68的规定。

表 68

食品类别/名称	最大残留限量,mg/kg
饮料类	
茶叶	0.5

4.68.5 检测方法:饮料类按照 GB 23200.113、GB 23200.116、GB 23200.121 规定的方法测定。

4.69 咪鲜胺(prochloraz)

4.69.1 主要用途:杀菌剂。

4.69.2 ADI:0.01 mg/kg bw。

4.69.3 残留物:咪鲜胺及其含有 2,4,6-三氯苯酚部分的代谢产物之和,以咪鲜胺表示。

4.69.4 最大残留限量:应符合表 69 的规定。

表 69

食品类别/名称	最大残留限量,mg/kg
蔬菜	
洋葱	1
水果	
枇杷	5
莲雾	2

4.69.5 检测方法:蔬菜、水果按照 NY/T 1456 规定的方法测定。

4.70 醚菊酯(etofenprox)

4.70.1 主要用途:杀虫剂。

4.70.2 ADI:0.03 mg/kg bw。

4.70.3 残留物:醚菊酯。

4.70.4 最大残留限量:应符合表 70 的规定。

表 70

食品类别/名称	最大残留限量,mg/kg
蔬菜	
花椰菜	3
芥蓝	10

4.70.5 检测方法:蔬菜按照 GB 23200.8、GB 23200.121 规定的方法测定。

4.71 嘧菌环胺(cyprodinil)

4.71.1 主要用途:杀菌剂。

4.71.2 ADI:0.03 mg/kg bw。

4.71.3 残留物:嘧菌环胺。

4.71.4 最大残留限量:应符合表 71 的规定。

表 71

食品类别/名称	最大残留限量,mg/kg
蔬菜	
百合(鲜)	0.5
药用植物	
百合(干)	1

4.71.5 检测方法:蔬菜、药用植物按照 GB 23200.113、GB 23200.121 规定的方法测定。

4.72 **嘧菌酯(azoxystrobin)**

4.72.1 主要用途:杀菌剂。

4.72.2 ADI:0.2 mg/kg bw。

4.72.3 残留物:嘧菌酯。

4.72.4 最大残留限量:应符合表72的规定。

表72

食品类别/名称	最大残留限量,mg/kg
蔬菜	
大蒜	1
蒜薹	10
青蒜	20
水果	
葡萄	10

4.72.5 检测方法:蔬菜按照GB 23200.54、GB 23200.121规定的方法测定;水果按照GB 23200.121、NY/T 1453规定的方法测定。

4.73 **灭草松(bentazone)**

4.73.1 主要用途:除草剂。

4.73.2 ADI:0.09 mg/kg bw。

4.73.3 残留物:灭草松、6-羟基灭草松及8-羟基灭草松之和,以灭草松表示。

4.73.4 最大残留限量:应符合表73的规定。

表73

食品类别/名称	最大残留限量,mg/kg
蔬菜	
甘薯叶	0.5*
甘薯	0.1*
饮料类	
茶叶	0.1*
* 该限量为临时限量。	

4.74 **氰霜唑(cyazofamid)**

4.74.1 主要用途:杀菌剂。

4.74.2 ADI:0.2 mg/kg bw。

4.74.3 残留物:氰霜唑。

4.74.4 最大残留限量:应符合表74的规定。

表74

食品类别/名称	最大残留限量,mg/kg
蔬菜	
大蒜	0.1
洋葱	0.1
青蒜	10
蒜薹	5

4.74.5 检测方法:蔬菜按照GB 23200.34、GB 23200.121规定的方法测定。

4.75 **氰戊菊酯(fenvalerate)**

4.75.1 主要用途:杀虫剂。

4.75.2 ADI:0.02 mg/kg bw。

4.75.3 残留物:氰戊菊酯(异构体之和)。

4.75.4 最大残留限量:应符合表75的规定。

表75

食品类别/名称	最大残留限量,mg/kg
蔬菜	
韭菜	10
油麦菜	15
叶芥菜	20
蕹菜	15
黄秋葵	7
冬瓜	0.05
豇豆	2
根芥菜	2

4.75.5 检测方法:蔬菜按照GB 23200.8、GB 23200.113、GB 23200.121、NY/T 761规定的方法测定。

4.76 噻虫胺(clothianidin)

4.76.1 主要用途:杀虫剂。

4.76.2 ADI:0.1 mg/kg bw。

4.76.3 残留物:噻虫胺。

4.76.4 最大残留限量:应符合表76的规定。

表76

食品类别/名称	最大残留限量,mg/kg
水果	
枣(鲜)	1

4.76.5 检测方法:水果按照GB 23200.121、GB/T 20769规定的方法测定。

4.77 噻虫啉(thiacloprid)

4.77.1 主要用途:杀虫剂。

4.77.2 ADI:0.01 mg/kg bw。

4.77.3 残留物:噻虫啉。

4.77.4 最大残留限量:应符合表77的规定。

表77

食品类别/名称	最大残留限量,mg/kg
水果	
苹果	0.5

4.77.5 检测方法:水果按照GB 23200.121、GB/T 20769规定的方法测定。

4.78 噻虫嗪(thiamethoxam)

4.78.1 主要用途:杀虫剂。

4.78.2 ADI:0.08 mg/kg bw。

4.78.3 残留物:噻虫嗪。

4.78.4 最大残留限量:应符合表78的规定。

表 78

食品类别/名称	最大残留限量,mg/kg
谷物	
燕麦	0.05
蔬菜	
大蒜	0.05
青蒜	3
蒜薹	1
洋葱	0.02
甜椒	1
食荚豌豆	1
豌豆	0.05
茭白	0.05
水果	
桃	0.5
枣(鲜)	1
枸杞(鲜)	1
葡萄	2

4.78.5 检测方法:谷物按照 GB 23200.121、GB/T 20770 规定的方法测定;蔬菜、水果按照 GB 23200.121、GB/T 20769 规定的方法测定。

4.79 **噻呋酰胺(thifluzamide)**

4.79.1 主要用途:杀菌剂。

4.79.2 ADI:0.014 mg/kg bw。

4.79.3 残留物:噻呋酰胺。

4.79.4 最大残留限量:应符合表 79 的规定。

表 79

食品类别/名称	最大残留限量,mg/kg
蔬菜	
茭白	0.05

4.79.5 检测方法:蔬菜按照 GB 23200.8 规定的方法测定。

4.80 **噻菌铜(thiediazole-copper)**

4.80.1 主要用途:杀菌剂。

4.80.2 ADI:0.000 78 mg/kg bw。

4.80.3 残留物:2-氨基-5-巯基-1,3,4-噻二唑,以噻菌铜表示。

4.80.4 最大残留限量:应符合表 80 的规定。

表 80

食品类别/名称	最大残留限量,mg/kg
蔬菜	
马铃薯	0.01[a]
水果	
桃	3[a]
猕猴桃	3[a]
[a] 该限量为临时限量。	

4.81 **噻霉酮(benziothiazolinone)**

4.81.1 主要用途:杀菌剂。

4.81.2 ADI:0.017 mg/kg bw。

4.81.3 残留物:噻霉酮。

4.81.4 最大残留限量:应符合表81的规定。

表81

食品类别/名称	最大残留限量,mg/kg
水果	
梨	0.2*
* 该限量为临时限量。	

4.82 噻森铜(saisentong)

4.82.1 主要用途:杀菌剂。

4.82.2 ADI:0.000 11 mg/kg bw。

4.82.3 残留物:2-氨基-5-巯基-1,3,4-噻二唑,以噻森铜表示。

4.82.4 最大残留限量:应符合表82的规定。

表82

食品类别/名称	最大残留限量,mg/kg
蔬菜	
芋	0.2*
* 该限量为临时限量。	

4.83 三氟苯嘧啶(triflumezopyrim)

4.83.1 主要用途:杀虫剂。

4.83.2 ADI:0.2 mg/kg bw。

4.83.3 残留物:三氟苯嘧啶。

4.83.4 最大残留限量:应符合表83的规定。

表83

食品类别/名称	最大残留限量,mg/kg
谷物	
稻谷	0.2*
糙米	0.1*
* 该限量为临时限量。	

4.84 三氯吡氧乙酸(triclopyr)

4.84.1 主要用途:除草剂。

4.84.2 ADI:0.03 mg/kg bw。

4.84.3 残留物:三氯吡氧乙酸。

4.84.4 最大残留限量:应符合表84的规定。

表84

食品类别/名称	最大残留限量,mg/kg
谷物	
小麦	0.1*
* 该限量为临时限量。	

4.85 三唑磺草酮(tripyrasulfone)

4.85.1 主要用途:除草剂。

4.85.2 ADI:0.047 mg/kg bw。

4.85.3 残留物:三唑磺草酮。

4.85.4 最大残留限量:应符合表 85 的规定。

表 85

食品类别/名称	最大残留限量,mg/kg
谷物	
稻谷	0.05*
糙米	0.02*
* 该限量为临时限量。	

4.86 三唑酮(triadimefon)

4.86.1 主要用途:杀菌剂。

4.86.2 ADI:0.03 mg/kg bw。

4.86.3 残留物:三唑酮和三唑醇之和。

4.86.4 最大残留限量:应符合表 86 的规定。

表 86

食品类别/名称	最大残留限量,mg/kg
蔬菜	
西葫芦	1

4.86.5 检测方法:蔬菜按照 GB 23200.8、GB 23200.113、GB 23200.121、GB/T 20769 规定的方法测定。

4.87 杀虫双(thiosultap-disodium)

4.87.1 主要用途:杀虫剂。

4.87.2 ADI:0.01 mg/kg bw。

4.87.3 残留物:沙蚕毒素。

4.87.4 最大残留限量:应符合表 87 的规定。

表 87

食品类别/名称	最大残留限量,mg/kg
蔬菜	
葱	2
茄子	1
辣椒	7
水果	
桃	1
李子	2
葡萄	2

4.87.5 检测方法:蔬菜按照 GB 23200.119、SN/T 3862 规定的方法测定;水果按照 GB 23200.119 规定的方法测定。

4.88 杀螟丹(cartap)

4.88.1 主要用途:杀虫剂。

4.88.2 ADI:0.1 mg/kg bw。

4.88.3 残留物:杀螟丹。

4.88.4 最大残留限量:应符合表 88 的规定。

表 88

食品类别/名称	最大残留限量,mg/kg
蔬菜	
普通白菜	3

4.88.5 检测方法:蔬菜按照 GB/T 20769 规定的方法测定。

4.89 虱螨脲(lufenuron)

4.89.1 主要用途:杀虫剂。

4.89.2 ADI:0.02 mg/kg bw。

4.89.3 残留物:虱螨脲。

4.89.4 最大残留限量:应符合表 89 的规定。

表 89

食品类别/名称	最大残留限量,mg/kg
蔬菜	
马铃薯	0.05

4.89.5 检测方法:蔬菜按照 GB 23200.121、GB/T 20769 规定的方法测定。

4.90 双丙环虫酯(afidopyropen)

4.90.1 主要用途:杀虫剂。

4.90.2 ADI:0.08 mg/kg bw。

4.90.3 残留物:双丙环虫酯。

4.90.4 最大残留限量:应符合表 90 的规定。

表 90

食品类别/名称	最大残留限量,mg/kg
谷物	
小麦	0.05*
油料和油脂	
棉籽	0.05*
蔬菜	
结球甘蓝	0.05*
番茄	0.1*
辣椒	1*
黄瓜	0.1*
水果	
苹果	0.02*
* 该限量为临时限量。	

4.91 霜霉威(propamocarb)

4.91.1 主要用途:杀菌剂。

4.91.2 ADI:0.4 mg/kg bw。

4.91.3 残留物:霜霉威。

4.91.4 最大残留限量:应符合表 91 的规定。

表 91

食品类别/名称	最大残留限量,mg/kg
蔬菜	
西葫芦	1

4.91.5 检测方法:蔬菜按照 GB 23200.121、GB/T 20769、NY/T 1379 规定的方法测定。

4.92 四聚乙醛(metaldehyde)

4.92.1 主要用途:杀螺剂。

4.92.2 ADI:0.1 mg/kg bw。

4.92.3 残留物:四聚乙醛。

4.92.4 最大残留限量:应符合表 92 的规定。

表 92

食品类别/名称	最大残留限量,mg/kg
蔬菜	
茄子	0.1
黄瓜	0.1
丝瓜	0.1
冬瓜	0.1

4.92.5 检测方法:蔬菜按照 SN/T 4264 规定的方法测定。

4.93 速灭威(metolcarb)

4.93.1 主要用途:杀虫剂。

4.93.2 ADI:0.001 5 mg/kg bw。

4.93.3 残留物:速灭威。

4.93.4 最大残留限量:应符合表 93 的规定。

表 93

食品类别/名称	最大残留限量,mg/kg
谷物	
稻谷	1
糙米	0.5

4.93.5 检测方法:谷物按照 GB 23200.121、GB/T 20770 规定的方法测定。

4.94 特丁净(terbutryn)

4.94.1 主要用途:除草剂。

4.94.2 ADI:0.02 mg/kg bw。

4.94.3 残留物:特丁净。

4.94.4 最大残留限量:应符合表 94 的规定。

表 94

食品类别/名称	最大残留限量,mg/kg
谷物	
小麦	0.1
油料和油脂	
花生仁	0.05

4.94.5 检测方法:谷物按照 GB 23200.113、GB 23200.121、GB/T 20770 规定的方法测定;油料和油脂

按照 GB 23200.113、GB 23200.121 规定的方法测定。

4.95 甜菜宁(phenmedipham)

4.95.1 主要用途:除草剂。

4.95.2 ADI:0.03 mg/kg bw。

4.95.3 残留物:甜菜宁。

4.95.4 最大残留限量:应符合表 95 的规定。

表 95

食品类别/名称	最大残留限量,mg/kg
水果	
草莓	0.1

4.95.5 检测方法:水果按照 GB 23200.121、GB/T 20769 规定的方法测定。

4.96 戊唑醇(tebuconazole)

4.96.1 主要用途:杀菌剂。

4.96.2 ADI:0.03 mg/kg bw。

4.96.3 残留物:戊唑醇。

4.96.4 最大残留限量:应符合表 96 的规定。

表 96

食品类别/名称	最大残留限量,mg/kg
蔬菜	
马铃薯	0.1
黄花菜(鲜)	3
干制蔬菜	
黄花菜(干)	15
糖料	
甘蔗	2

4.96.5 检测方法:蔬菜、干制蔬菜、糖料按照 GB 23200.113、GB 23200.121、GB/T 20769 规定的方法测定。

4.97 烯酰吗啉(dimethomorph)

4.97.1 主要用途:杀菌剂。

4.97.2 ADI:0.2 mg/kg bw。

4.97.3 残留物:烯酰吗啉。

4.97.4 最大残留限量:应符合表 97 的规定。

表 97

食品类别/名称	最大残留限量,mg/kg
蔬菜	
番茄	1
水果	
荔枝	5

4.97.5 检测方法:蔬菜按照 GB 23200.121、GB/T 20769 规定的方法测定;水果按照 GB 23200.121、GB/T 20769、SN/T 2917 规定的方法测定。

4.98 缬菌胺(valifenalate)

4.98.1 主要用途:杀菌剂。

4.98.2 ADI：0.2 mg/kg bw。

4.98.3 残留物：缬菌胺。

4.98.4 最大残留限量：应符合表 98 的规定。

表 98

食品类别/名称	最大残留限量，mg/kg
蔬菜	
黄瓜	2[a]
[a] 该限量为临时限量。	

4.99 辛酰碘苯腈(ioxynil octanoate)

4.99.1 主要用途：除草剂。

4.99.2 ADI：0.005 mg/kg bw。

4.99.3 残留物：辛酰碘苯腈。

4.99.4 最大残留限量：应符合表 99 的规定。

表 99

食品类别/名称	最大残留限量，mg/kg
谷物	
玉米	0.02[a]
[a] 该限量为临时限量。	

4.100 溴氰菊酯(deltamethrin)

4.100.1 主要用途：杀虫剂。

4.100.2 ADI：0.01 mg/kg bw。

4.100.3 残留物：溴氰菊酯(异构体之和)。

4.100.4 最大残留限量：应符合表 100 的规定。

表 100

食品类别/名称	最大残留限量，mg/kg
蔬菜	
苋菜	7
芥蓝	3
蕹菜	2

4.100.5 检测方法：蔬菜按照 GB 23200.8、GB 23200.113、GB 23200.121、NY/T 761 规定的方法测定。

4.101 亚胺唑(imibenconazole)

4.101.1 主要用途：杀菌剂。

4.101.2 ADI：0.009 8 mg/kg bw。

4.101.3 残留物：亚胺唑。

4.101.4 最大残留限量：应符合表 101 的规定。

表 101

食品类别/名称	最大残留限量，mg/kg
水果	
梨	2

4.101.5 检测方法：水果按照 GB 23200.121 规定的方法测定。

4.102 **依维菌素(ivermectin)**

4.102.1 主要用途:杀虫剂。

4.102.2 ADI:0.001 mg/kg bw。

4.102.3 残留物:依维菌素。

4.102.4 最大残留限量:应符合表102的规定。

表 102

食品类别/名称	最大残留限量,mg/kg
水果	
杨梅	0.1

4.102.5 检测方法:水果按照GB 23200.121规定的方法测定。

4.103 **乙螨唑(etoxazole)**

4.103.1 主要用途:杀螨剂。

4.103.2 ADI:0.05 mg/kg bw。

4.103.3 残留物:乙螨唑。

4.103.4 最大残留限量:应符合表103的规定。

表 103

食品类别/名称	最大残留限量,mg/kg
油料和油脂	
棉籽	0.02
水果	
枇杷	0.5
草莓	2

4.103.5 检测方法:油料和油脂按照GB 23200.113、GB 23200.121规定的方法测定;水果按照GB 23200.8、GB 23200.113、GB 23200.121、GB/T 20769规定的方法测定。

4.104 **乙嘧酚磺酸酯(bupirimate)**

4.104.1 主要用途:杀菌剂。

4.104.2 ADI:0.05 mg/kg bw。

4.104.3 残留物:乙嘧酚磺酸酯。

4.104.4 最大残留限量:应符合表104的规定。

表 104

食品类别/名称	最大残留限量,mg/kg
蔬菜	
黄瓜	0.5

4.104.5 检测方法:蔬菜按照GB 23200.113、GB 23200.121规定的方法测定。

4.105 **异丙草胺(propisochlor)**

4.105.1 主要用途:除草剂。

4.105.2 ADI:0.013 mg/kg bw。

4.105.3 残留物:异丙草胺。

4.105.4 最大残留限量:应符合表105的规定。

表 105

食品类别/名称	最大残留限量,mg/kg
油料和油脂	
油菜籽	0.1

4.105.5 检测方法:油料和油脂按照 GB 23200.121 规定的方法测定。

4.106 **异丙甲草胺(metolachlor)**

4.106.1 主要用途:除草剂。

4.106.2 ADI:0.1 mg/kg bw。

4.106.3 残留物:异丙甲草胺。

4.106.4 最大残留限量:应符合表 106 的规定。

表 106

食品类别/名称	最大残留限量,mg/kg
谷物	
赤豆	0.1

4.106.5 检测方法:谷物按照 GB 23200.9、GB 23200.113、GB 23200.121、GB/T 5009.174、GB/T 20770 规定的方法测定。

4.107 **异丙隆(isoproturon)**

4.107.1 主要用途:除草剂。

4.107.2 ADI:0.015 mg/kg bw。

4.107.3 残留物:异丙隆。

4.107.4 最大残留限量:应符合表 107 的规定。

表 107

食品类别/名称	最大残留限量,mg/kg
蔬菜	
大蒜	0.05
青蒜	1
蒜薹	0.05

4.107.5 检测方法:蔬菜按照 GB 23200.121、GB/T 20769 规定的方法测定。

4.108 **茚虫威(indoxacarb)**

4.108.1 主要用途:杀虫剂。

4.108.2 ADI:0.01 mg/kg bw。

4.108.3 残留物:茚虫威。

4.108.4 最大残留限量:应符合表 108 的规定。

表 108

食品类别/名称	最大残留限量,mg/kg
蔬菜	
蕹菜	10
叶芥菜	10
萝卜	0.3
根芥菜	0.5
姜	0.1

4.108.5 检测方法:蔬菜按照 GB 23200.121、GB/T 20769 规定的方法测定。

4.109 莠灭净(ametryn)

4.109.1 主要用途:除草剂。

4.109.2 ADI:0.072 mg/kg bw。

4.109.3 残留物:莠灭净。

4.109.4 最大残留限量:应符合表109的规定。

表109

食品类别/名称	最大残留限量,mg/kg
谷物	
玉米	0.05
鲜食玉米	0.05

4.109.5 检测方法:谷物按照GB 23200.113、GB 23200.121规定的方法测定。

4.110 鱼藤酮(rotenone)

4.110.1 主要用途:杀虫剂。

4.110.2 ADI:0.000 4 mg/kg bw。

4.110.3 残留物:鱼藤酮。

4.110.4 最大残留限量:应符合表110的规定。

表110

食品类别/名称	最大残留限量,mg/kg
蔬菜	
番茄	0.05
黄瓜	0.05

4.110.5 检测方法:蔬菜按照GB 23200.73、GB 23200.121、GB/T 20769规定的方法测定。

4.111 仲丁灵(butralin)

4.111.1 主要用途:除草剂。

4.111.2 ADI:0.2 mg/kg bw。

4.111.3 残留物:仲丁灵。

4.111.4 最大残留限量:应符合表111的规定。

表111

食品类别/名称	最大残留限量,mg/kg
蔬菜	
大蒜	0.05
青蒜	0.05
蒜薹	0.05
茄子	0.05

4.111.5 检测方法:蔬菜按照GB 23200.8、GB 23200.69、GB 23200.121、GB/T 20769规定的方法测定。

4.112 仲丁威(fenobucarb)

4.112.1 主要用途:杀虫剂。

4.112.2 ADI:0.06 mg/kg bw。

4.112.3 残留物:仲丁威。

4.112.4 最大残留限量:应符合表112的规定。

表 112

食品类别/名称	最大残留限量,mg/kg
蔬菜	
花椰菜	0.05
芥蓝	0.05
小白菜	0.05
大白菜	0.05
萝卜	0.05
饮料类	
茶叶	0.05

4.112.5 检测方法:蔬菜按照 GB 23200.112、GB 23200.113、GB 23200.121、SN/T 2560 规定的方法测定;饮料类按照 GB 23200.13、GB 23200.113、SN/T 2560 规定的方法测定。

索　　引

农药中文通用名称索引

农药英文通用名称索引

ICS 67.120
CCS X 22

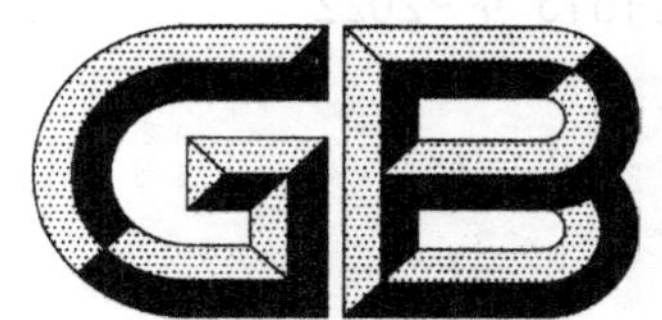

中华人民共和国国家标准

GB 31613.4—2022

食品安全国家标准
牛可食性组织中吡利霉素残留量的测定
液相色谱-串联质谱法

National food safety standard—
Determination of pirlimycin residue in bovine edible tissues by liquid chromatography-tandem mass spectrometric method

2022-09-20 发布　　　　2023-02-01 实施

中华人民共和国农业农村部
中华人民共和国国家卫生健康委员会　发布
国家市场监督管理总局

前　　言

本文件按照 GB/T 1.1—2020《标准化工作导则　第 1 部分:标准化文件的结构和起草规则》的规定起草。

本文件系首次发布。

食品安全国家标准
牛可食性组织中吡利霉素残留量的测定　液相色谱-串联质谱法

1 范围

本文件规定了牛可食性组织中吡利霉素残留检测的制样和液相色谱-串联质谱测定方法。

本文件适用于牛肌肉、肝脏、肾脏和脂肪中吡利霉素的残留检测。

2 规范性引用文件

下列文件中的内容通过文中的规范性引用而构成本文件必不可少的条款。其中,注日期的引用文件,仅该日期对应的版本适用于本文件;不注日期的引用文件,其最新版本(包括所有的修改单)适用于本文件。

GB/T 6682　分析实验室用水规格和试验方法

3 术语和定义

本文件没有需要界定的术语和定义。

4 原理

试料中残留的吡利霉素,用5%甲酸乙腈溶液提取,固相萃取柱净化,液相色谱-串联质谱测定,基质匹配标准溶液外标法定量。

5 试剂与材料

除另有规定外,所有试剂均为分析纯,水为符合GB/T 6682规定的一级水。

5.1 试剂

5.1.1 乙腈(CH_3CN):色谱纯。

5.1.2 甲醇(CH_3OH):色谱醇。

5.1.3 甲酸(HCOOH):色谱纯。

5.1.4 无水硫酸钠(Na_2SO_4)。

5.1.5 氯化钠(NaCl)。

5.2 溶液配制

5.2.1 5%甲酸乙腈溶液:取甲酸5 mL,用乙腈稀释至100 mL。

5.2.2 0.1%甲酸乙腈溶液:取甲酸1 mL,用乙腈稀释至1 000 mL。

5.2.3 0.1%甲酸溶液:取甲酸1 mL,用水稀释至1 000 mL。

5.2.4 80%甲醇溶液:取甲醇80 mL,用水稀释至100 mL 。

5.3 标准品

吡利霉素(Pirlimycin,$C_{17}H_{31}ClN_2O_5S$,CAS号:79548-73-5),含量≥99.0%。

5.4 标准溶液的制备

5.4.1 标准储备液:精密称取吡利霉素标准品约10 mg,于10 mL容量瓶中,用甲醇溶解并稀释至刻度,配制成浓度为1 mg/mL的吡利霉素标准储备液。−18 ℃以下保存,有效期12个月。

5.4.2 标准中间液:精密量取吡利霉素标准储备液0.1 mL,于10 mL容量瓶中,用甲醇稀释至刻度,配制成浓度为10 μg/mL的吡利霉素标准中间液。2 ℃~8 ℃保存,有效期6个月。

5.4.3 标准工作液：精密量取吡利霉素标准中间液 0.1 mL，于 10 mL 容量瓶中，用 80%甲醇稀释至刻度，配制成浓度为 100 ng/mL 的吡利霉素标准工作液。2 ℃～8 ℃保存，有效期 6 个月。

5.5 材料

5.5.1 固相萃取小柱：基质增强脂肪去除柱(300 mg/3 mL)，或相当者。

5.5.2 陶瓷均质子。

5.5.3 亲水性聚四氟乙烯微孔滤膜：0.22 μm。

6 仪器和设备

6.1 液相色谱-串联质谱仪：配有电喷雾离子源(ESI)。

6.2 分析天平：感量 0.01 g 和 0.000 01 g。

6.3 涡旋混合器。

6.4 高速离心机。

7 试样的制备与保存

7.1 试样的制备

取适量新鲜或解冻的空白或供试样品，绞碎并均质。

a) 取均质后的供试样品，作为供试试样；

b) 取均质后的空白样品，作为空白试样；

c) 取均质后的空白样品，添加适宜浓度的标准工作液，作为空白添加试样。

7.2 试样的保存

−18 ℃以下保存。

8 测定步骤

8.1 提取

称取试料 2 g(准确至±0.05 g)于 50 mL 离心管中，加入陶瓷均质子，加入 5%甲酸乙腈溶液 10 mL，涡旋 30 s，加入无水硫酸钠 4 g、氯化钠 1 g，涡旋 30 s，4 ℃下 8 000 r/ min 离心 8 min 后，快速移取上层乙腈 2.4 mL 至另一离心管中，加水 0.6 mL，混匀，备用。

8.2 净化

将备用液直接过固相萃取小柱，自然流出，收集滤液，并挤干。取滤液适量过微孔滤膜后，供液相色谱-串联质谱仪测定。

8.3 基质匹配标准曲线的制备

精密量取吡利霉素标准工作液适量，用提取净化后的空白试样溶液稀释成含药物浓度分别为 1 ng/mL、2 ng/mL、5 ng/mL、10 ng/mL、100 ng/mL 和 400 ng/mL 的基质匹配系列标准溶液，从中各取 1.0 mL，过微孔滤膜上机测定。以特征离子质量色谱峰面积为纵坐标、基质匹配标准溶液浓度为横坐标，绘制标准曲线。

8.4 测定

8.4.1 液相色谱参考条件

a) 色谱柱：五氟苯基柱(50 mm×3.0 mm，2.6 μm)，或性能相当者。

b) 流动相：A 为 0.1%甲酸溶液，B 为 0.1%甲酸乙腈溶液。流动相梯度：0 min～1 min 保持 10%B；1 min～3 min，10%B 线性变化到 90%B；3 min～4 min 保持 90%B；4 min～5 min 保持 10%B。

c) 流速：0.4 mL/min。

d) 进样量：5 μL。

e) 柱温:30 ℃。

8.4.2 串联质谱参考条件

a) 离子源:电喷雾离子源;

b) 扫描方式:正离子扫描;

c) 检测方式:多反应离子监测(MRM);

d) 电喷雾电压:5 500 V。

e) 离子源温度:500 ℃。

f) 辅助气 1:50 psi。

g) 辅助气 2:50 psi。

h) 气帘气:25 psi。

i) 碰撞气:Medium。

j) 吡利霉素定性、定量离子对和对应的去簇电压、碰撞能量参考值见表 1。

表 1 吡利霉素定性、定量离子对和对应的去簇电压、碰撞能量

药物	定性离子对 m/z	定量离子对 m/z	去簇电压 V	碰撞能量 eV
吡利霉素	411.2>363.3	411.2>112.1	60	20
	411.2>112.1			40

8.4.3 测定法

试样溶液的保留时间在基质匹配标准溶液保留时间的±2.5%之内。试样溶液中的离子相对丰度与基质匹配标准溶液中的离子相对丰度相比,符合表 2 的要求。

表 2 试样溶液中离子相对丰度的允许偏差范围

单位为百分号

相对丰度	允许偏差
>50	±20
>20~50	±25
>10~20	±30
≤10	±50

取基质匹配标准溶液和试样溶液,作单点或多点校准,按外标法,以峰面积计算。基质匹配标准溶液及试样溶液中吡利霉素的峰面积应在仪器检测的线性范围之内,超出线性范围时进行适当倍数稀释后再进行分析。基质匹配标准溶液中特征离子质量色谱图见附录 A 中图 A.1。

8.5 空白试验

取空白试料,除不加药物外,采用完全相同的测定步骤进行测定。

9 结果计算和表述

试样中吡利霉素的残留量按标准曲线或公式(1)计算。

$$X = \frac{C \times A \times V_1 \times V_3 \times 1000}{A_s \times V_2 \times m \times 1000} \quad \cdots\cdots (1)$$

式中:

X ——试样中吡利霉素残留量的数值,单位为微克每千克(μg/kg);

C ——基质匹配标准溶液中吡利霉素浓度的数值,单位为纳克每毫升(ng/mL);

A ——试样溶液中吡利霉素的峰面积;

A_s ——基质匹配标准溶液中吡利霉素的峰面积;

V_1 ——提取液总体积的数值,单位为毫升(mL);

V_2 ——上清液中取出溶液体积的数值,单位为毫升(mL);

V_3 ——最终溶液体积的数值，单位为毫升(mL)；
m ——试样质量的数值，单位为克(g)；
1 000——换算系数。

10 方法灵敏度、准确度和精密度

10.1 灵敏度

本方法对牛肌肉、肝脏、肾脏和脂肪的检测限为 2 μg/kg，定量限为 10 μg/kg。

10.2 准确度

本方法吡利霉素在牛肌肉 10 μg/kg～200 μg/kg、肝脏 10 μg/kg～2 000 μg/kg、肾脏 10 μg/kg～800 μg/kg、脂肪 10 μg/kg～200 μg/kg 添加浓度上的回收率为 60%～110%。

10.3 精密度

本方法批内相对标准偏差≤15%，批间相对标准偏差≤20%。

附 录 A
(资料性)
吡利霉素特征离子质量色谱图

空白牛肝脏基质匹配标准溶液中吡利霉素特征离子质量色谱图见图 A.1。

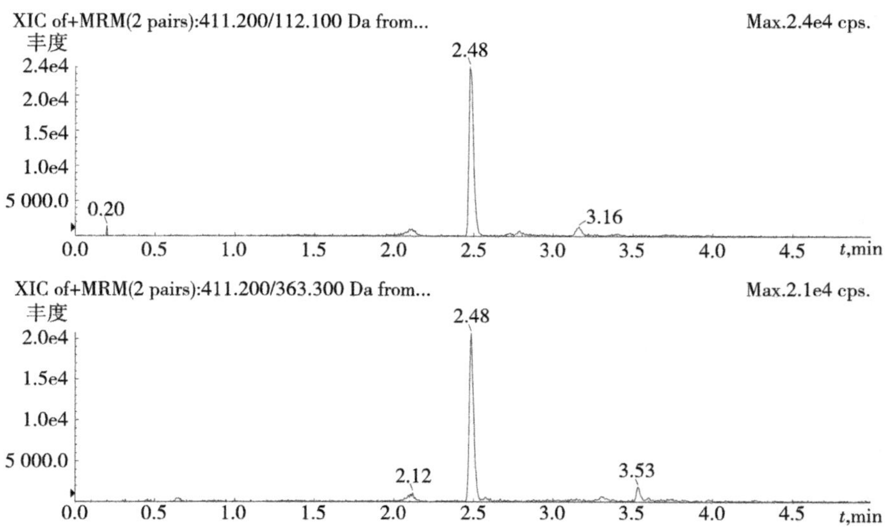

图 A.1 空白牛肝脏基质匹配标准溶液中吡利霉素特征离子质量色谱图(1.6 ng/mL)

ICS 67.120
CCS X 22

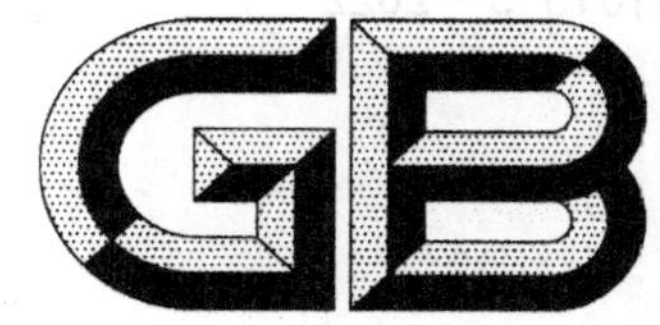

中 华 人 民 共 和 国 国 家 标 准

GB 31613.5—2022

食品安全国家标准
鸡可食组织中抗球虫药物残留量的测定
液相色谱-串联质谱法

National food safety standard—
Determination of coccidiostats residues in chicken edible tissues by liquid chromatography-tandem mass spectrometric method

2022-09-20 发布　　　　2023-02-01 实施

中华人民共和国农业农村部
中华人民共和国国家卫生健康委员会　发布
国家市场监督管理总局

前　　言

本文件按照 GB/T 1.1—2020《标准化工作导则　第1部分:标准化文件的结构和起草规则》的规定起草。

本文件系首次发布。

食品安全国家标准
鸡可食组织中抗球虫药物残留量的测定　液相色谱-串联质谱法

1　范围

本文件规定了鸡可食组织中常山酮、氯苯胍、盐霉素、莫能菌素、甲基盐霉素、马度米星铵和拉沙洛西 7 种抗球虫药物残留量检测的制样和液相色谱-串联质谱测定方法。

本文件适用于鸡肌肉、肝脏和皮脂(皮+脂)中常山酮、氯苯胍、盐霉素、莫能菌素、甲基盐霉素、马度米星铵和拉沙洛西 7 种抗球虫药物残留量的检测。

2　规范性引用文件

下列文件中的内容通过文中的规范性引用而构成本文件必不可少的条款。其中,注日期的引用文件,仅该日期对应的版本适用于本文件;不注日期的引用文件,其最新版本(包括所有的修改单)适用于本文件。

GB/T 6682　分析实验室用水规格和试验方法

3　术语和定义

本文件没有需要界定的术语和定义。

4　原理

试样中残留的抗球虫药物经胰蛋白酶酶解,乙酸乙酯提取,固相萃取柱净化,液相色谱-串联质谱法检测,基质匹配外标法定量。

5　试剂与材料

除另有规定外,所有试剂均为分析纯,水为符合 GB/T 6682 规定的一级水。

5.1　试剂

5.1.1　甲醇(CH_3OH):色谱纯。

5.1.2　乙腈(CH_3CN):色谱纯。

5.1.3　乙酸(CH_3COOH):色谱纯。

5.1.4　甲酸(HCOOH):色谱纯。

5.1.5　乙酸乙酯($CH_3CH_2OOCCH_3$):色谱纯。

5.1.6　胰蛋白酶:来源于牛胰腺,≥10 000 U/mg。

5.1.7　碳酸钠(Na_2CO_3)。

5.2　溶液配制

5.2.1　10%碳酸钠溶液:取碳酸钠 20 g,加水适量使溶解并稀释至 200 mL,混匀。

5.2.2　1%乙酸溶液:取乙酸 1 mL,用水稀释至 100 mL,混匀。

5.2.3　20%甲醇溶液:取甲醇 20 mL,用水稀释至 100 mL,混匀。

5.2.4　洗脱液:取甲醇 100 mL,加乙酸乙酯 200 mL,混匀。

5.2.5　复溶液:取甲醇 50 mL,加水 50 mL、甲酸 0.1 mL,混匀。

5.3　标准品

常山酮、氯苯胍、盐霉素、莫能菌素、甲基盐霉素、马度米星铵、拉沙洛西含量≥95%。具体见附录 A。

5.4 标准溶液制备

5.4.1 标准储备液(1 mg/mL):取常山酮、氯苯胍、盐霉素、莫能菌素、甲基盐霉素、马度米星铵、拉沙洛西标准品适量(相当于各有效成分10 mg),精密称定,分别加甲醇适量使溶解并稀释定容于10 mL容量瓶,配制成浓度均为1 mg/mL的标准储备液。−18 ℃以下避光保存,有效期6个月。

5.4.2 混合标准工作液(10 μg/mL):分别精密量取标准储备液各0.1 mL,于10 mL容量瓶中,用甲醇稀释至刻度,配制成浓度为10 μg/mL的混合标准工作液。−18 ℃以下避光保存,有效期6个月。

5.4.3 混合标准工作液(1 μg/mL):精密量取10 μg/mL的混合标准工作液1 mL,于10 mL容量瓶中,用甲醇稀释至刻度,配制成浓度为1 μg/mL的混合标准工作液。−18 ℃以下避光保存,有效期3个月。

5.4.4 混合标准工作液(0.1 μg/mL):精密量取1 μg/mL的混合标准工作液1 mL,于10 mL容量瓶中,用甲醇稀释至刻度,配制成浓度为0.1 μg/mL的混合标准工作液。−18 ℃以下避光保存,有效期1个月。

5.5 材料

5.5.1 三键键合 C_{18} 固相萃取柱:500 mg/6 mL,或相当者。

5.5.2 尼龙微孔滤膜:0.22 μm。

6 仪器和设备

6.1 液相色谱-串联质谱仪:配电喷雾离子源。

6.2 分析天平:感量0.01 g和0.000 01 g。

6.3 高速冷冻离心机:10 000 r/min。

6.4 组织匀浆机。

6.5 涡旋混合器。

6.6 固相萃取装置。

6.7 氮吹仪。

6.8 水浴摇床。

6.9 pH计。

7 试样的制备与保存

7.1 试样的制备

取适量新鲜或解冻的空白或供试组织,绞碎并均质。

a) 取均质后的供试样品,作为供试试样;

b) 取均质后的空白样品,作为空白试样;

c) 取均质后的空白样品,添加适宜浓度的标准工作液,作为空白添加试样。

7.2 试样的保存

−18 ℃以下保存。

8 测定步骤

8.1 提取

称取试料1 g(准确至±0.01 g),加胰蛋白酶25 mg、水5 mL,涡旋1 min,用10%碳酸钠溶液调pH至7.5,40 ℃水浴过夜酶解。取出放至室温,加10%碳酸钠溶液1 mL,涡旋1 min。加乙酸乙酯9 mL,涡旋5 min,于4 ℃、10 000 r/min离心10 min,转移上清液,残渣重复提取1次。合并2次提取液,用乙酸乙酯稀释至20.0 mL,混匀。取提取液2.0 mL于35 ℃水浴氮气吹干,加乙腈1 mL涡旋1 min,加水10 mL,混匀,备用。

8.2 净化

固相萃取柱依次用甲醇5 mL、1%乙酸溶液5 mL活化,取备用液全部过柱,控制流速为每2 s~3 s

1滴。用1%乙酸溶液3 mL和20%甲醇溶液3 mL淋洗，用洗脱液10 mL洗脱。收集洗脱液，35 ℃水浴氮气吹干，加复溶液1.0 mL涡旋1 min，于−4 ℃、10 000 r/min离心10 min，取上清液，过滤膜后供液相色谱-串联质谱测定。

8.3 基质匹配标准曲线的制备

取6份空白样品经提取和净化后，加入适量的标准工作液，35 ℃水浴氮气吹干，加复溶液1.0 mL涡旋1 min，配制成浓度为0.5 μg/L、1 μg/L、5 μg/L、10 μg/L、25 μg/L和50 μg/L的基质匹配标准溶液，于−4 ℃、10 000 r/min离心10 min，取上清液，过滤膜后供液相色谱-串联质谱测定。以测得特征离子峰面积为纵坐标、对应的标准溶液浓度为横坐标，绘制标准曲线，求回归方程和相关系数。

8.4 测定

8.4.1 液相色谱参考条件

a) 色谱柱：C_{18}(50 mm×2.1 mm，1.7 μm)，或相当者；
b) 流动相：A为0.1%甲酸水溶液，B为0.1%甲酸甲醇溶液；
c) 梯度洗脱：梯度洗脱程序见表1；
d) 流速：0.3 mL/min；
e) 柱温：30 ℃；
f) 进样量：10 μL。

表1 梯度洗脱程序

时间，min	A，%	B，%
0	90	10
0.5	90	10
1.0	0	100
2.0	0	100
2.1	90	10
4.0	90	10

8.4.2 质谱参考条件

a) 离子源：电喷雾(ESI)离子源；
b) 扫描方式：正离子扫描；
c) 检测方式：多反应监测；
d) 电离电压：4.0 kV；
e) 离子源温度：100 ℃；
f) 雾化温度：350 ℃；
g) 锥孔气流速：30 L/h；
h) 雾化气流速：600 L/h；
i) 待测药物的定性离子对、定量离子对、锥孔电压和碰撞能量的参考值见表2。

表2 待测药物的定性离子对、定量离子对、锥孔电压和碰撞能量的参考值

药物	定性离子对 m/z	定量离子对 m/z	锥孔电压 V	碰撞能量 eV
常山酮	416.0>100.2	416>120.2	25	20
	416.0>120.2			20
氯苯胍	334.2>138.1	334.2>155.1	35	30
	334.2>155.1			20
盐霉素	773.5>265.2	773.5>265.2	55	40
	773.5>531.4			55
莫能菌素	693.5>461.4	693.5>461.4	55	50
	693.5>479.4			50

表 2（续）

药物	定性离子对 m/z	定量离子对 m/z	锥孔电压 V	碰撞能量 eV
甲基盐霉素	787.7>431.5	787.6>431.5	60	50
	787.7>531.5			40
马度米星铵	939.2>859.5	939.5>877.5	45	50
	939.2>877.5			30
拉沙洛西	613.4>377.4	613.4>377.4	45	35
	613.4>577.5			35

8.4.3 测定法

8.4.3.1 定性测定

在同样测试条件下，试料溶液中抗球虫药物的保留时间与基质匹配标准工作液中抗球虫药物的保留时间之比，偏差在±2.5%以内，且检测到的相对离子丰度，应当与浓度相当的基质匹配标准溶液相对离子丰度一致。其允许偏差应符合表 3 的要求。

表 3 定性确证时相对离子丰度的允许偏差

单位为百分号

相对离子丰度	>50	>20～50	>10～20	≤10
允许的最大偏差	±20	±25	±30	±50

8.4.3.2 定量测定

取试料溶液和基质匹配标准工作液，作单点或多点校准，按外标法定量。基质匹配标准工作液及试料溶液中目标物的响应值均应在仪器检测的线性范围内。在上述色谱-质谱条件下，标准溶液特征离子质量色谱图见附录 B。

8.5 空白试验

取空白试料，除不加药物外，采用完全相同的测定步骤进行平行操作。

9 结果计算和表述

试样中抗球虫药物的残留量按标准曲线或公式(1)计算。

$$X=\frac{A\times C_s\times V_1\times V_3}{A_s\times V_2\times m} \quad \cdots\cdots\cdots\cdots (1)$$

式中：

X ——试样中抗球虫药物残留量的数值，单位为微克每千克(μg/kg)；

A ——试样中抗球虫药物的峰面积；

C_s——基质匹配标准溶液中抗球虫药物浓度的数值，单位为微克每升(μg/L)；

V_1——提取液体积的数值，单位为毫升(mL)；

V_2——分取提取液体积的数值，单位为毫升(mL)；

V_3——复溶液体积的数值，单位为毫升(mL)；

A_s——基质匹配标准溶液中抗球虫药物的峰面积；

m ——试样质量的数值，单位为克(g)。

10 方法灵敏度、准确度和精密度

10.1 灵敏度

本方法的检测限为 5 μg/kg，定量限为 10 μg/kg。

10.2 准确度

本方法在 10 μg/kg～100 μg/kg 添加浓度水平上的回收率为 60%～120%。

10.3 精密度

本方法的批内相对标准偏差≤20%，批间相对标准偏差≤20%。

附 录 A
（资料性）
抗球虫药物中英文通用名称、化学分子式和 CAS 号

抗球虫药物中英文通用名称、化学分子式和 CAS 号见表 A.1。

表 A.1 抗球虫药物中英文通用名称、化学分子式和 CAS 号

中文通用名称	英文通用名称	化学分子式	CAS 号
常山酮	Halofuginone	$C_{16}H_{17}BrClN_3O_3$	55837-20-2
氯苯胍	Robenidine	$C_{15}H_{13}Cl_2N_5$	25875-51-8
盐霉素	Salinomycin	$C_{42}H_{70}O_{11}$	53003-10-4
莫能菌素	Monensin	$C_{36}H_{62}O_{11}$	17090-79-8
甲基盐霉素 A	Narasin A	$C_{43}H_{72}O_{11}$	55134-13-9
马度米星铵	Maduramicin Ammonium	$C_{47}H_{83}NO_{17}$	84878-61-5
拉沙洛西	Lasalocid	$C_{34}H_{54}O_8$	25999-31-9

附 录 B
（资料性）
抗球虫药物标准溶液特征离子质量色谱图

抗球虫药物标准溶液特征离子质量色谱图见图 B.1。

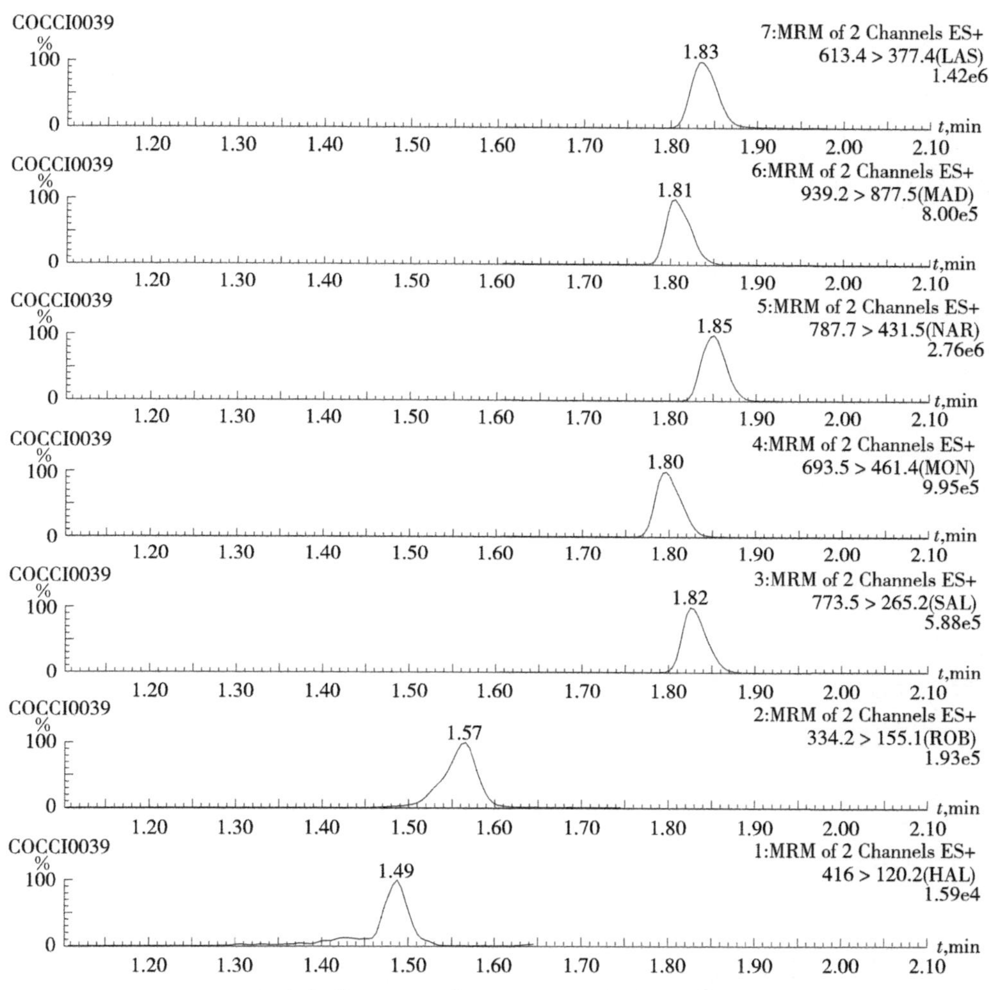

图 B.1 抗球虫药物标准溶液特征离子质量色谱图（1 μg/L）

ICS 67.120
CCS X 22

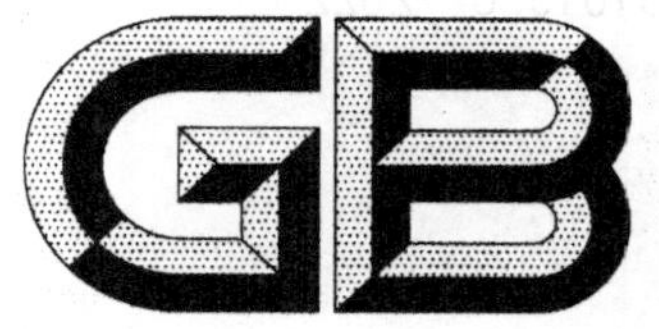

中华人民共和国国家标准

GB 31613.6—2022

食品安全国家标准 猪和家禽可食性组织中维吉尼亚霉素M_1残留量的测定 液相色谱-串联质谱法

**National food safety standard—
Determination of virginiamycin M1 residue in edible tissues of swine and poultry by liquid chromatography tandem mass spectrometry method**

2022-09-20 发布　　　　2023-02-01 实施

中华人民共和国农业农村部
中华人民共和国国家卫生健康委员会　发布
国家市场监督管理总局

前　　言

本文件按照 GB/T 1.1—2020《标准化工作导则　第1部分:标准化文件的结构和起草规则》的规定起草。

本文件系首次发布。

食品安全国家标准
猪和家禽可食性组织中维吉尼亚霉素 M_1 残留量的测定
液相色谱-串联质谱法

1 范围

本文件规定了猪和家禽可食性组织中维吉尼亚霉素 M_1 残留检测的制样和液相色谱-串联质谱测定方法。

本文件适用于猪和家禽(包括鸡、鸭和鹅)的肌肉、肝脏、肾脏及皮＋脂中维吉尼亚霉素 M_1 残留量的检测。

2 规范性引用文件

下列文件中的内容通过文中的规范性引用而构成本文件必不可少的条款。其中,注日期的引用文件,仅该日期对应的版本适用于本文件;不注日期的引用文件,其最新版本(包括所有的修改单)适用于本文件。

GB/T 6682　分析实验室用水规格和试验方法

3 术语和定义

本文件没有需要界定的术语和定义。

4 原理

试料中残留的维吉尼亚霉素 M_1,用乙腈提取,正己烷除脂,液相色谱-串联质谱检测,外标法定量。

5 试剂和材料

以下所用的试剂,除特别注明者外均为分析纯试剂;水为符合 GB/T 6682 规定的一级水。

5.1 试剂

5.1.1 乙腈(CH_3CN):色谱纯。

5.1.2 甲酸(HCOOH):色谱纯。

5.1.3 乙腈(CH_3CN)。

5.1.4 正己烷(C_6H_{14})。

5.2 溶液配制

5.2.1 乙腈溶液:取乙腈 600 mL、水 400 mL,混匀。

5.2.2 0.1%甲酸溶液:取甲酸 1 mL,用水稀释至 1 000 mL,混匀。

5.3 标准品

维吉尼亚霉素 M_1(Virginiamycin M_1,$C_{28}H_{35}N_3O_7$,CAS 号:21411-53-0)含量≥90%。

5.4 标准溶液制备

5.4.1 标准储备液:取维吉尼亚霉素 M_1 标准品 10 mg,精密称定,用乙腈适量使溶解并稀释定容至 200 mL棕色容量瓶,配制成浓度为 50 μg/mL 的维吉尼亚霉素 M_1 标准储备液。4 ℃以下保存,有效期 7 d。

5.4.2 标准中间液:准确量取标准储备液 0.1 mL、0.5 mL、1 mL、2 mL 和 3 mL,分别置 50 mL 棕色容量瓶中,用乙腈稀释至刻度,配制成浓度为 0.1 μg/mL、0.5 μg/mL、1 μg/mL、2 μg/mL 和 3 μg /mL 的维吉尼亚霉素 M_1 标准中间液。4 ℃以下保存,有效期 7 d。

5.5 材料

5.5.1 刻度试管:10 mL。

5.5.2 有机滤膜:0.22 μm。

6 仪器和设备

6.1 液相色谱-串联质谱仪:配电喷雾电离源。

6.2 分析天平:感量 0.000 01 g 和 0.01 g。

6.3 均质机。

6.4 超声仪。

6.5 离心机:≥4 000 r/min。

6.6 涡旋振荡器。

6.7 移液器。

7 试样的制备与保存

7.1 试样的制备

取适量新鲜或解冻的空白或供试组织,绞碎并均质。

a) 取均质的供试样品,作为供试试样;

b) 取均质的空白样品,作为空白试样;

c) 取均质的空白样品,添加适宜浓度的标准工作液,作为空白添加试样。

7.2 试样的保存

−40 ℃以下保存,避免反复冻融。

8 测定步骤

8.1 提取

取试料 2 g(准确至±0.05 g),加乙腈 4 mL(肌肉组织先加水 2 mL),涡旋 2 min,超声 30 min,4 000 r/min离心 10 min,取上清液转移至 15 mL 具塞离心管中。残渣加乙腈 2 mL 重复提取 1 遍,合并上清液,备用,得到提取液。

8.2 净化

取上述提取液,加水至约 9.5 mL,涡旋混合 30 s 加正己烷 3 mL,涡旋 30 s,4 000 r/min 离心 10 min,弃去上层正己烷,重复除脂 1 次。将下层溶液转移至 10 mL 刻度试管中,加水至 10 mL,涡旋混合 30 s,备用。取备用液(肝脏:取备用液 2.0 mL,加乙腈溶液 4.0 mL,混匀;肾脏、皮脂:取备用液 2.0 mL,加乙腈溶液 6.0 mL,混匀),过滤,供液相色谱-串联质谱法测定。

8.3 标准曲线的制备

8.3.1 家禽肌肉、肝脏基质匹配标准曲线的制备

准确量取浓度为 0.1 μg/mL、0.5 μg/mL、1 μg/mL、2 μg/mL 和 3 μg/mL 的维吉尼亚霉素 M_1 标准中间液各 200 μL,分别加于按 7.1 和 7.2 正己烷除脂处理后的空白组织提取液中,加水至 10 mL,混匀,同法处理。制备成维吉尼亚霉素 M_1 浓度为 2 ng/mL、10 ng/mL、20 ng/mL、40 ng/mL 和 60 ng/mL 的系列基质匹配标准溶液,过滤,临用现配,供液相色谱联用质谱仪测定。以测得特征离子峰面积为纵坐标、对应的标准溶液浓度为横坐标,绘制标准曲线。求回归方程和相关系数。

8.3.2 其他组织标准曲线的制备

分别准确量取浓度为 0.1 μg/mL、0.5 μg/mL、1 μg/mL、2 μg/mL 和 3 μg /mL 的维吉尼亚霉素 M_1 标准中间液各 200 μL,加乙腈溶液至 10.0 mL,配制成维吉尼亚霉素 M_1 浓度为 2 ng/mL、10 ng/mL、20 ng/mL、40 ng/mL 和 60 ng/mL 系列标准工作液,临用现配,供液相色谱联用质谱仪测定。以测得特

征离子峰面积为纵坐标、对应的标准溶液浓度为横坐标，绘制标准曲线。求回归方程和相关系数。

8.4 测定

8.4.1 色谱条件

a) 色谱柱：C_{18}（100 mm×2.1 mm，1.7 μm），或相当者；

b) 柱温：30 ℃；

c) 进样量：5 μL；

d) 流速：0.2 mL/min；

e) 流动相：A 为乙腈，B 为 0.1%甲酸水溶液，梯度洗脱程序见表 1。

表 1 梯度洗脱程序

时间 min	A %	B %
0	30	70
1	30	70
3	42	58
6	42	58
6.5	95	5
8.5	95	5
9	30	70
10	30	70

8.4.2 质谱条件

a) 离子源：电喷雾离子源；

b) 扫描方式：正离子扫描；

c) 检测方式：多反应监测(MRM)；

d) 离子源温度：150 ℃；

e) 脱溶剂温度：200 ℃；

f) 毛细管电压：3.0 kV；

g) 脱溶剂气流速：800 L/h。

h) 锥孔反吹气流速：150 L/h。

i) 定性离子对、定量离子对、锥孔电压和碰撞能量见表 2。

表 2 药物的定性、定量离子对及锥孔电压、碰撞能量的参考值

化合物	定量离子对 *m/z*	定性离子对 *m/z*	碰撞能量 eV	锥孔电压 V
维吉尼亚霉素 M_1	526.3>355.1	526.3>355.1	18	20
		526.3>337.1	22	20

8.5 测定法

8.5.1 定性测定

在相同的测试条件下，试料溶液中维吉尼亚霉素 M_1 色谱图的保留时间与相应标准工作液中保留时间偏差应不大于±2.5%；且检测到的离子的相对丰度，应当与浓度相当的标准溶液相对丰度一致。其允许偏差应符合表 3 的要求。

表 3 定性测定时相对离子丰度的最大允许偏差

单位为百分号

相对离子丰度	>50	>20~50	>10~20	≤10
允许的最大偏差	±20	±25	±30	±50

8.5.2 定量测定

取试料溶液和相应的基质匹配标准工作液/标准工作液，作单点或多点校准，按外标法以峰面积定量，基质匹配标准工作液/标准工作液及试料溶液中的维吉尼亚霉素 M_1 响应值均应在仪器检测的线性范围内。在上述色谱-质谱条件下，维吉尼亚霉素 M_1 基质匹配标准溶液的特征离子质量色谱图见附录 A。

8.6 空白试验

取空白试料，除不加药物外，采用完全相同的步骤进行平行操作。

9 结果计算

试样中维吉尼亚霉素 M_1 残留量按标准曲线或公式(1)计算。

$$X = \frac{A \times C_s \times V}{A_s \times m} \times f \quad \cdots\cdots (1)$$

式中：

X ——试样中维吉尼亚霉素 M_1 残留量的数值，单位为微克每千克(μg/kg)；

C_s ——标准工作液中维吉尼亚霉素 M_1 浓度的数值，单位为纳克每毫升(ng/mL)；

A ——试样溶液中维吉尼亚霉素 M_1 峰面积；

V ——定容后溶液体积的数值，单位为毫升(mL)；

A_s ——标准工作液中维吉尼亚霉素 M_1 峰面积；

f ——稀释倍数；

m ——试样质量的数值，单位为克(g)。

10 方法灵敏度、准确度和精密度

10.1 灵敏度

本方法维吉尼亚霉素 M_1 在肌肉、肝脏、肾脏和皮脂的检测限分别为 2 μg/kg、6 μg/kg、8 μg/kg 和 8 μg/kg，肌肉的定量限为 10 μg/kg，其他组织定量限为 50 μg/kg。

10.2 准确度

本方法维吉尼亚霉素 M_1 在家禽和猪肌肉组织 10 μg/kg～200 μg/kg、肝脏和肾脏组织 50 μg/kg～600 μg/kg、皮脂组织 50 μg/kg～800 μg/kg 测定浓度水平上的回收率为 70%～120%。

10.3 精密度

本方法批内相对标准偏差≤20%，批间相对标准偏差≤20%。

附 录 A
(资料性)
维吉尼亚霉素 M_1 标准溶液特征离子质量色谱图

维吉尼亚霉素 M_1 标准溶液特征离子质量色谱图见图 A.1。

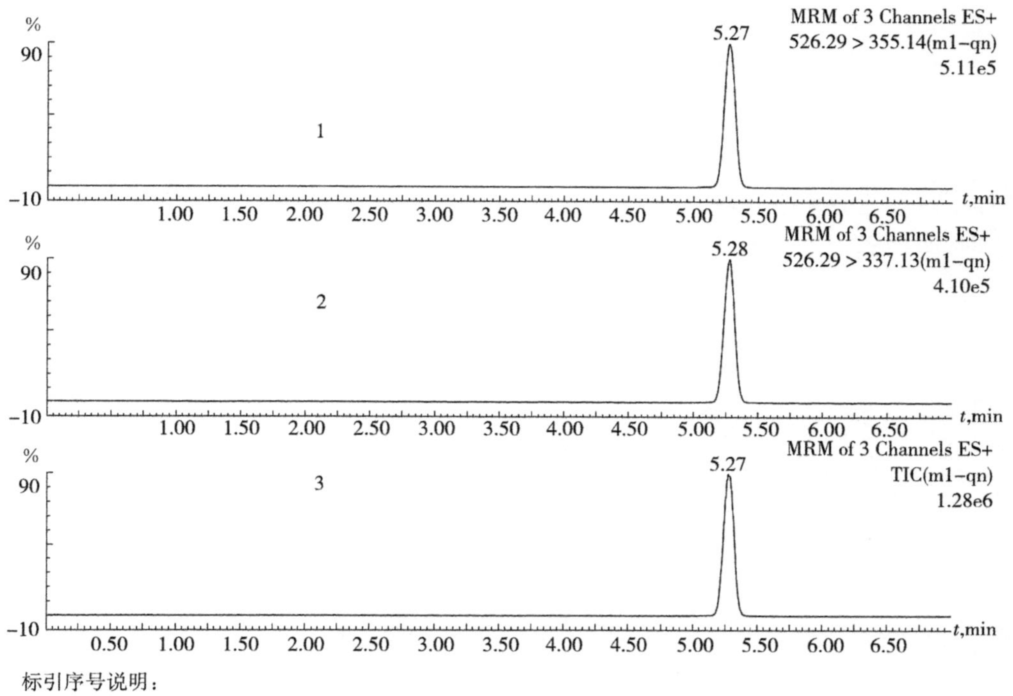

标引序号说明：

1——M_1 特征离子质量色谱图(526.3>355.1)；

2——M_1 特征离子质量色谱图(526.3>337.1)；

3——M_1 总离子质量色谱图。

图 A.1 维吉尼亚霉素 M_1 标准溶液特征离子质量色谱图(20 ng/mL)

ICS 67.050
CCS X 04

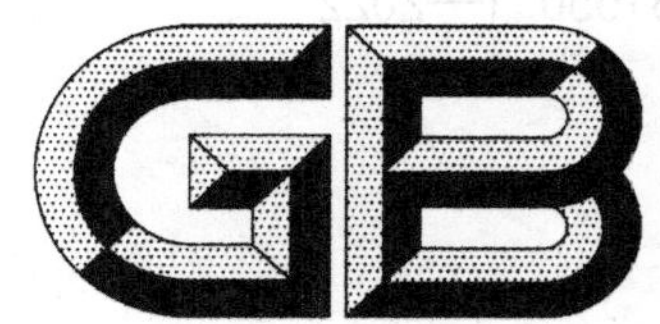

中华人民共和国国家标准

GB 31650.1—2022

食品安全国家标准
食品中41种兽药最大残留限量

National food safety standard—
Maximum residue limits for 41 veterinary drugs in foods

2022-09-20 发布　　2023-02-01 实施

中华人民共和国农业农村部
中华人民共和国国家卫生健康委员会　发布
国家市场监督管理总局

前　　言

本文件按照GB/T 1.1—2020《标准化工作导则　第1部分:标准化文件的结构和起草规则》的规定起草。

本文件是GB 31650—2019《食品安全国家标准　食品中兽药最大残留限量》的增补版,与GB 31650—2019《食品安全国家标准　食品中兽药最大残留限量》配套使用。

食品安全国家标准　食品中41种兽药最大残留限量

1　范围

本文件规定了动物性食品中得曲恩特等41种兽药的最大残留限量。

本文件适用于与最大残留限量相关的动物性食品。

2　规范性引用文件

下列文件中的内容通过文中的规范性引用而构成本文件必不可少的条款。其中，注日期的引用文件，仅该日期对应的版本适用于本文件；不注日期的引用文件，其最新版本（包括所有的修改单）适用于本文件。

GB 31650—2019　食品安全国家标准　食品中兽药最大残留限量

3　术语和定义

GB 31650—2019界定的以及下列术语和定义适用于本文件。

3.1

残留标志物　marker residue

动物用药后在靶组织中与总残留物有明确相关性的残留物。可以是药物原形、相关代谢物，也可以是原形与代谢物的加和，或者是可转为单一衍生物或药物分子片段的残留物总量。

4　技术要求

4.1　烯丙孕素（altrenogest）

4.1.1　兽药分类：性激素类药。

4.1.2　ADI：0 μg/kg bw～0.2 μg/kg bw。

4.1.3　残留标志物：烯丙孕素（altrenogest）。

4.1.4　最大残留限量：应符合表1的规定。

表1

动物种类	靶组织	最大残留限量，μg/kg
猪	肌肉	1
	皮＋脂	4
	肝	2

4.2　阿莫西林（amoxicillin）

4.2.1　兽药分类：β-内酰胺类抗生素。

4.2.2　ADI：0 μg/kg bw～2 μg/kg bw，微生物学ADI。

4.2.3　残留标志物：阿莫西林（amoxicillin）。

4.2.4　最大残留限量：应符合表2的规定。

表2

动物种类	靶组织	最大残留限量，μg/kg
家禽	蛋	4

4.3 **氨苄西林(ampicillin)**

4.3.1 兽药分类:β-内酰胺类抗生素。

4.3.2 ADI:0 μg/kg bw~3 μg/kg bw,微生物学 ADI。

4.3.3 残留标志物:氨苄西林(ampicillin)。

4.3.4 最大残留限量:应符合表 3 的规定。

表 3

动物种类	靶组织	最大残留限量,μg/kg
家禽	蛋	4

4.4 **安普霉素(apramycin)**

4.4.1 兽药分类:氨基糖苷类抗生素。

4.4.2 ADI:0 μg/kg bw~25 μg/kg bw。

4.4.3 残留标志物:安普霉素(apramycin)。

4.4.4 最大残留限量:应符合表 4 的规定。

表 4

动物种类	靶组织	最大残留限量,μg/kg
鸡	蛋	10

4.5 **阿司匹林(aspirin)**

4.5.1 兽药分类:解热镇痛抗炎药。

4.5.2 残留标志物:阿司匹林(aspirin)。

4.5.3 最大残留限量:应符合表 5 的规定。

表 5

动物种类	靶组织	最大残留限量,μg/kg
鸡	蛋	10

4.6 **阿维拉霉素(avilamycin)**

4.6.1 兽药分类:寡糖类抗生素。

4.6.2 ADI:0 μg/kg bw~2 000 μg/kg bw。

4.6.3 残留标志物:二氯异苔酸[dichloroisoeverninic acid(DIA)]。

4.6.4 最大残留限量:应符合表 6 的规定。

表 6

动物种类	靶组织	最大残留限量,μg/kg
鸡/火鸡	蛋	10

4.7 **青霉素、普鲁卡因青霉素(benzylpenicillin,procaine benzylpenicillin)**

4.7.1 兽药分类:β-内酰胺类抗生素。

4.7.2 ADI:0 μg penicillin/(人·d)~30 μg penicillin/(人·d)。

4.7.3 残留标志物:青霉素(benzylpenicillin)。

4.7.4 最大残留限量:应符合表 7 的规定。

表 7

动物种类	靶组织	最大残留限量,μg/kg
家禽	蛋	4

4.8 氯唑西林(cloxacillin)

4.8.1 兽药分类:β-内酰胺类抗生素。

4.8.2 ADI:0 μg/kg bw～200 μg/kg bw。

4.8.3 残留标志物:氯唑西林(cloxacillin)。

4.8.4 最大残留限量:应符合表 8 的规定。

表 8

动物种类	靶组织	最大残留限量,μg/kg
家禽	蛋	4

4.9 达氟沙星(danofloxacin)

4.9.1 兽药分类:喹诺酮类合成抗菌药。

4.9.2 ADI:0 μg/kg bw～20 μg/kg bw。

4.9.3 残留标志物:达氟沙星(danofloxacin)。

4.9.4 最大残留限量:应符合表 9 的规定。

表 9

动物种类	靶组织	最大残留限量,μg/kg
家禽	蛋	10

4.10 得曲恩特(derquantel)

4.10.1 兽药分类:抗寄生虫药。

4.10.2 ADI:0 μg/kg bw～0.3 μg/kg bw。

4.10.3 残留标志物:得曲恩特(derquantel)。

4.10.4 最大残留限量:应符合表 10 的规定。

表 10

动物种类	靶组织	最大残留限量,μg/kg
绵羊	肌肉	0.3
	脂肪	7.0
	肝	0.8
	肾	0.4

4.11 地克珠利(diclazuril)

4.11.1 兽药分类:抗球虫药。

4.11.2 ADI:0 μg/kg bw～30 μg/kg bw。

4.11.3 残留标志物:地克珠利(diclazuril)。

4.11.4 最大残留限量:应符合表 11 的规定。

表 11

动物种类	靶组织	最大残留限量,μg/kg
家禽	蛋	10

4.12 双氯芬酸(diclofenac)

4.12.1 兽药分类:解热镇痛抗炎药。

4.12.2 ADI:0 μg/kg bw～0.5 μg/kg bw。

4.12.3 残留标志物:双氯芬酸(diclofenac)。

4.12.4 最大残留限量:应符合表 12 的规定。

表 12

动物种类	靶组织	最大残留限量,μg/kg
猪	肌肉	5
	皮+脂	1
	肝	5
	肾	10

4.13 二氟沙星(difloxacin)

4.13.1 兽药分类:喹诺酮类合成抗菌药。

4.13.2 ADI:0 μg/kg bw~10 μg/kg bw。

4.13.3 残留标志物:二氟沙星(difloxacin)。

4.13.4 最大残留限量:应符合表 13 的规定。

表 13

动物种类	靶组织	最大残留限量,μg/kg
家禽	蛋	10

4.14 多西环素(doxycycline)

4.14.1 兽药分类:四环素类抗生素。

4.14.2 ADI:0 μg/kg bw~3 μg/kg bw。

4.14.3 残留标志物:多西环素(doxycycline)。

4.14.4 最大残留限量:应符合表 14 的规定。

表 14

动物种类	靶组织	最大残留限量,μg/kg
家禽	蛋	10

4.15 因灭汀(emamectin benzoate)

4.15.1 兽药分类:杀虫药。

4.15.2 ADI:0 μg/kg bw~0.5 μg/kg bw。

4.15.3 残留标志物:埃玛菌素 B1a (emamectin B1a)。

4.15.4 最大残留限量:应符合表 15 的规定。

表 15

动物种类	靶组织	最大残留限量,μg/kg
鲑鱼	皮+肉	100
鳟鱼	皮+肉	100

4.16 恩诺沙星(enrofloxacin)

4.16.1 兽药分类:喹诺酮类合成抗菌药。

4.16.2 ADI:0 μg/kg bw~6.2 μg/kg bw。

4.16.3 残留标志物:恩诺沙星与环丙沙星之和(sum of enrofloxacin and ciprofloxacin)。

4.16.4 最大残留限量:应符合表 16 的规定。

表 16

动物种类	靶组织	最大残留限量,μg/kg
家禽	蛋	10

4.17 **氟苯尼考(florfenicol)**

4.17.1 兽药分类:酰胺醇类抗生素。

4.17.2 ADI:0 μg/kg bw~3 μg/kg bw。

4.17.3 残留标志物:氟苯尼考与氟苯尼考胺之和(sum of florfenicol and florfenicol-amine)。

4.17.4 最大残留限量:应符合表17的规定。

表 17

动物种类	靶组织	最大残留限量,μg/kg
家禽	蛋	10

4.18 **氟甲喹(flumequine)**

4.18.1 兽药分类:喹诺酮类合成抗菌药。

4.18.2 ADI:0 μg/kg bw~30 μg/kg bw。

4.18.3 残留标志物:氟甲喹(flumequine)。

4.18.4 最大残留限量:应符合表18的规定。

表 18

动物种类	靶组织	最大残留限量,μg/kg
鸡	蛋	10

4.19 **氟尼辛(flunixin)**

4.19.1 兽药分类:解热镇痛抗炎药。

4.19.2 ADI:0 μg/kg bw~6 μg/kg bw。

4.19.3 残留标志物:可食组织:氟尼辛(flunixin);牛奶:5-羟基氟尼辛(5-hydroxy flunixin)。

4.19.4 最大残留限量:应符合表19的规定。

表 19

动物种类	靶组织	最大残留限量,μg/kg
猪	肌肉	50
	脂肪	10
	肝	200
	肾	30
牛	肌肉	20
	脂肪	30
	肝	300
	肾	100
	奶	40

4.20 **加米霉素(gamithromycin)**

4.20.1 兽药分类:大环内酯类抗生素。

4.20.2 ADI:0 μg/kg bw~10 μg/kg bw。

4.20.3 残留标志物:加米霉素(gamithromycin)。

4.20.4 最大残留限量:应符合表20的规定。

表 20

动物种类	靶组织	最大残留限量,μg/kg
猪	肌肉	100
	皮+脂	100
	肝	100
	肾	300
牛	肌肉	150
	脂肪	20
	肝	200
	肾	100

4.21 卡那霉素(kanamycin)

4.21.1 兽药分类:氨基糖苷类抗生素。

4.21.2 ADI:0 μg/kg bw～8 μg/kg bw,微生物学 ADI。

4.21.3 残留标示物:卡那霉素 A(kanamycin A)。

4.21.4 最大残留限量:应符合表 21 的规定。

表 21

动物种类	靶组织	最大残留限量,μg/kg
家禽	蛋	10

4.22 左旋咪唑(levamisole)

4.22.1 兽药分类:抗线虫药。

4.22.2 ADI:0 μg/kg bw～6 μg/kg bw。

4.22.3 残留标志物:左旋咪唑(levamisole)。

4.22.4 最大残留限量:应符合表 22 的规定。

表 22

动物种类	靶组织	最大残留限量,μg/kg
家禽	蛋	5

4.23 洛美沙星(lomefloxacin)

4.23.1 兽药分类:喹诺酮类合成抗菌药。

4.23.2 ADI:0 μg/kg bw～25 μg/kg bw。

4.23.3 残留标志物:洛美沙星(lomefloxacin)。

4.23.4 最大残留限量:应符合表 23 的规定。

表 23

动物种类	靶组织	最大残留限量,μg/kg
所有食品动物	肌肉	2
	肝	2
	肾	2
	脂肪	2
	奶	2
	蛋	2
鱼	皮+肉	2
蜜蜂	蜂蜜	5

4.24 **氯芬新(lufenuron)**

4.24.1 兽药分类:杀虫药。

4.24.2 ADI:0 μg/kg bw~20 μg/kg bw。

4.24.3 残留标志物:氯芬新(lufenuron)。

4.24.4 最大残留限量:应符合表24的规定。

表24

动物种类	靶组织	最大残留限量,μg/kg
鲑鱼	皮+肉	1 350
鳟鱼	皮+肉	1 350

4.25 **马波沙星(marbofloxacin)**

4.25.1 兽药分类:喹诺酮类合成抗菌药。

4.25.2 ADI:0 μg/kg bw~4.5 μg/kg bw。

4.25.3 残留标志物:马波沙星(marbofloxacin)。

4.25.4 最大残留限量:应符合表25的规定。

表25

动物种类	靶组织	最大残留限量,μg/kg
牛	肌肉	150
	脂肪	50
	肝	150
	肾	150
	奶	75
猪	肌肉	150
	皮+脂	50
	肝	150
	肾	150

4.26 **美洛昔康(meloxicam)**

4.26.1 兽药分类:解热镇痛抗炎药。

4.26.2 ADI:0 μg/kg bw~75 μg/kg bw。

4.26.3 残留标志物:美洛昔康(meloxicam)。

4.26.4 最大残留限量:应符合表26的规定。

表26

动物种类	靶组织	最大残留限量,μg/kg
猪	肌肉	20
	肝	65
	肾	65
牛	肌肉	20
	肝	65
	肾	65
	奶	15

4.27 **莫奈太尔(monepantel)**

4.27.1 兽药分类:抗寄生虫药。

4.27.2 ADI:0 μg/kg bw~20 μg/kg bw。

4.27.3 残留标志物:莫奈太尔砜(monepantel sulfone,expressed as monepantel)。

4.27.4 最大残留限量：应符合表 27 的规定。

表 27

动物种类	靶组织	最大残留限量，μg/kg
牛	肌肉	300
	脂肪	7 000
	肝	2 000
	肾	1 000
绵羊	肌肉	500
	脂肪	13 000
	肝	7 000
	肾	1 700

4.28 诺氟沙星(norfloxacin)

4.28.1 兽药分类：喹诺酮类合成抗菌药。

4.28.2 ADI：0 μg/kg bw～14 μg/kg bw。

4.28.3 残留标志物：诺氟沙星(norfloxacin)。

4.28.4 最大残留限量：应符合表 28 的规定。

表 28

动物种类	靶组织	最大残留限量，μg/kg
所有食品动物	肌肉	2
	肝	2
	肾	2
	脂肪	2
	奶	2
	蛋	2
鱼	皮＋肉	2
蜜蜂	蜂蜜	5

4.29 氧氟沙星(ofloxacin)

4.29.1 兽药分类：喹诺酮类合成抗菌药。

4.29.2 ADI：0 μg/kg bw～5 μg/kg bw。

4.29.3 残留标志物：氧氟沙星(ofloxacin)。

4.29.4 最大残留限量：应符合表 29 的规定。

表 29

动物种类	靶组织	最大残留限量，μg/kg
所有食品动物	肌肉	2
	肝	2
	肾	2
	脂肪	2
	奶	2
	蛋	2
鱼	皮＋肉	2
蜜蜂	蜂蜜	5

4.30 苯唑西林(oxacillin)

4.30.1 兽药分类：β-内酰胺类抗生素。

4.30.2 残留标志物：苯唑西林(oxacillin)。

4.30.3 最大残留限量：应符合表30的规定。

表30

动物种类	靶组织	最大残留限量，μg/kg
家禽	蛋	4

4.31 噁喹酸(oxolinic acid)

4.31.1 兽药分类：喹诺酮类合成抗菌药。

4.31.2 ADI：0 μg/kg bw～2.5 μg/kg bw。

4.31.3 残留标志物：噁喹酸(oxolinic acid)。

4.31.4 最大残留限量：应符合表31的规定。

表31

动物种类	靶组织	最大残留限量，μg/kg
鸡	蛋	10

4.32 培氟沙星(pefloxacin)

4.32.1 兽药分类：喹诺酮类合成抗菌药。

4.32.2 残留标志物：培氟沙星(pefloxacin)。

4.32.3 最大残留限量：应符合表32的规定。

表32

动物种类	靶组织	最大残留限量，μg/kg
所有食品动物	肌肉	2
	肝	2
	肾	2
	脂肪	2
	奶	2
	蛋	2
鱼	皮+肉	2
蜜蜂	蜂蜜	5

4.33 沙拉沙星(sarafloxacin)

4.33.1 兽药分类：喹诺酮类合成抗菌药。

4.33.2 ADI：0 μg/kg bw～0.3 μg/kg bw。

4.33.3 残留标志物：沙拉沙星(sarafloxacin)。

4.33.4 最大残留限量：应符合表33的规定。

表33

动物种类	靶组织	最大残留限量，μg/kg
鸡/火鸡	蛋	5

4.34 磺胺二甲嘧啶(sulfadimidine)

4.34.1 兽药分类：磺胺类合成抗菌药。

4.34.2 ADI：0 μg/kg bw～50 μg/kg bw。

4.34.3 残留标志物：磺胺二甲嘧啶(sulfadimidine)。

4.34.4 最大残留限量：应符合表 34 的规定。

表 34

动物种类	靶组织	最大残留限量，μg/kg
家禽	蛋	10

4.35 **磺胺类(sulfonamides)**

4.35.1 兽药分类：磺胺类合成抗菌药。

4.35.2 ADI：0 μg/kg bw～50 μg/kg bw。

4.35.3 残留标志物：兽药原型之和(sum of parent drug)。

4.35.4 最大残留限量：应符合表 35 的规定。

表 35

动物种类	靶组织	最大残留限量，μg/kg
家禽	蛋	10

4.36 **氟苯脲(teflubenzuron)**

4.36.1 兽药分类：杀虫药。

4.36.2 ADI：0 μg/kg bw～5 μg/kg bw。

4.36.3 残留标志物：氟苯脲(teflubenzuron)。

4.36.4 最大残留限量：应符合表 36 的规定。

表 36

动物种类	靶组织	最大残留限量，μg/kg
鱼	皮＋肉	400

4.37 **甲砜霉素(thiamphenicol)**

4.37.1 兽药分类：酰胺醇类抗生素。

4.37.2 ADI：0 μg/kg bw～5 μg/kg bw。

4.37.3 残留标志物：甲砜霉素(thiamphenicol)。

4.37.4 最大残留限量：应符合表 37 的规定。

表 37

动物种类	靶组织	最大残留限量，μg/kg
家禽	蛋	10

4.38 **替米考星(tilmicosin)**

4.38.1 兽药分类：大环内酯类抗生素。

4.38.2 ADI：0 μg/kg bw～40 μg/kg bw。

4.38.3 残留标志物：替米考星(tilmicosin)。

4.38.4 最大残留限量：应符合表 38 的规定。

表 38

动物种类	靶组织	最大残留限量，μg/kg
鸡	蛋	10

4.39 **托曲珠利(toltrazuril)**

4.39.1 兽药分类：抗球虫药。

4.39.2 ADI:0 μg/kg bw～2 μg/kg bw。

4.39.3 残留标志物:托曲珠利砜(toltrazuril sulfone)

4.39.4 最大残留限量:应符合表39的规定。

表39

动物种类	靶组织	最大残留限量,μg/kg
家禽	蛋	10

4.40 甲氧苄啶(trimethoprim)

4.40.1 兽药分类:抗菌增效剂。

4.40.2 ADI:0 μg/kg bw～4.2 μg/kg bw。

4.40.3 残留标志物:甲氧苄啶(trimethoprim)。

4.40.4 最大残留限量:应符合表40的规定。

表40

动物种类	靶组织	最大残留限量,μg/kg
家禽	蛋	10

4.41 泰拉霉素(tulathromycin)

4.41.1 兽药分类:大环内酯类抗生素。

4.41.2 ADI:0 μg/kg bw～50 μg/kg bw 。

4.41.3 残留标志物:泰拉霉素等效物,以(2R,3S,4R,5R,8R,10R,11R,12S,13S,14R)-2-乙基-3,4,10,13-四羟基-3,5,8,10,12,14-六甲基-11-{[3,4,6-三脱氧-3-(二甲胺基)-β-D-木吡喃型己糖基]氧}-1-氧杂-6-氮杂环十五烷-15-酮计[(2R,3S,4R,5R,8R,10R,11R,12S,13S,14R)-2-ethyl-3,4,10,13-tetra-hydroxy-3,5,8,10,12,14-hexamethyl-11-{[3,4,6-trideoxy-3-(dimethyl-amino) -β-D-xylo-hexopyranosyl]oxy}-1-oxa-6-azacyclopent-decan-15-one expressed as tulathromycin equivalents]。

4.41.4 最大残留限量:应符合表41的规定。

表41

动物种类	靶组织	最大残留限量,μg/kg
牛	肌肉	300
	脂肪	200
	肝	4 500
	肾	3 000
猪	肌肉	800
	脂肪	300
	肝	4 000
	肾	8 000

兽药英文通用名称索引

ICS 67.120.30
CCS X 20

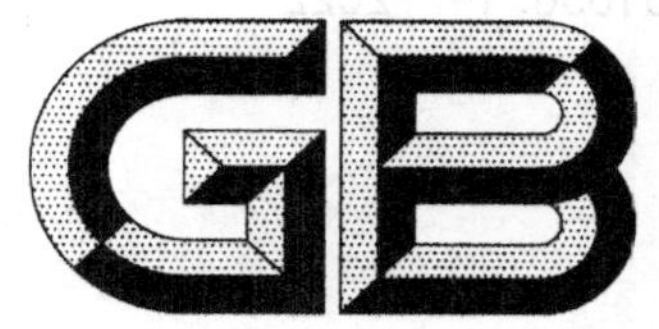

中华人民共和国国家标准

GB 31656.14—2022

食品安全国家标准
水产品中27种性激素残留量的测定
液相色谱-串联质谱法

**National food safety standard—
Determination of 27 sex hormones residues in fishery products
by liquid chromatography-tandem mass spectrometric**

2022-09-20 发布　　　　2023-02-01 实施

中华人民共和国农业农村部
中华人民共和国国家卫生健康委员会　发布
国家市场监督管理总局

前　　言

本文件按照 GB/T 1.1—2020《标准化工作导则　第1部分：标准化文件的结构和起草规则》的规定起草。

本文件系首次发布。

食品安全国家标准
水产品中27种性激素残留量的测定　液相色谱-串联质谱法

1　范围

本文件规定了水产品中27种性激素残留量检测的制样和液相色谱-串联质谱测定方法。

本文件适用于鱼、虾和蟹可食部分中己二烯雌酚、己烯雌酚、雌酮、己烷雌酚、雌二醇、雌三醇、炔雌醇、苯甲酸雌二醇、群勃龙、诺龙、雄烯二酮、勃地酮、睾酮、炔诺酮、美雄酮、甲基睾酮、康力龙、苯丙酸诺龙、丙酸睾酮、孕酮、21α-羟基孕酮、17α-羟基孕酮、甲羟孕酮、醋酸甲地孕酮、醋酸氯地孕酮、醋酸甲羟孕酮和左炔诺孕酮残留量的测定。

2　规范性引用文件

下列文件中的内容通过文中的规范性引用而构成本文件必不可少的条款。其中，注日期的引用文件，仅该日期对应的版本适用于本文件；不注日期的引用文件，其最新版本（包括所有的修改单）适用于本文件。

GB/T 6682　分析实验室用水规格和试验方法

GB/T 30891—2014　水产品抽样规范

3　术语和定义

本文件没有需要界定的术语和定义。

4　原理

试样中残留的性激素用乙酸乙酯-甲基叔丁基醚混合溶剂和乙酸乙酯依次提取，提取液经浓缩、C_{18}固相萃取柱净化，用液相色谱-串联质谱仪测定，内标法定量。

5　试剂与材料

以下所用的试剂，除特别注明外均为分析纯；水为符合GB/T 6682规定的一级水。

5.1　试剂

5.1.1　甲醇（CH_3OH）：色谱纯。

5.1.2　正己烷（C_6H_{14}）：色谱纯。

5.1.3　甲基叔丁基醚（$C_5H_{12}O$）：色谱纯。

5.1.4　乙酸乙酯（$C_4H_8O_2$）：色谱纯。

5.1.5　冰乙酸（CH_3COOH）。

5.1.6　三水乙酸钠（$C_2H_3NaO_2 \cdot 3H_2O$）。

5.1.7　氨水（$NH_3 \cdot H_2O$）。

5.2　溶液配制

5.2.1　乙酸-乙酸钠缓冲溶液：取三水乙酸钠21.5 g、冰乙酸2.6 mL，加水适量使溶解并稀释至500 mL，混匀。

5.2.2　0.02%氨水：取氨水100 μL于500 mL水中，混匀。临用前配制。

5.2.3　乙酸乙酯-甲基叔丁基醚溶液：取乙酸乙酯和甲基叔丁基醚等体积混合。

5.3　标准品

5.3.1　性激素：己二烯雌酚、己烯雌酚、雌酮、己烷雌酚、雌二醇、雌三醇、炔雌醇、苯甲酸雌二醇、群勃龙、诺龙、雄烯二酮、勃地酮、睾酮、炔诺酮、美雄酮、甲基睾酮、康力龙、苯丙酸诺龙、丙酸睾酮、孕酮、21α-羟基孕酮、17α-羟基孕酮、甲羟孕酮、醋酸甲地孕酮、醋酸氯地孕酮、醋酸甲羟孕酮和左炔诺孕酮：含量≥97%，具体见附录A。

5.3.2 内标：己烯雌酚-D_8、雌酮-D_2、雌二醇-$^{13}C_2$、甲基睾酮-D_3、孕酮-D_9、左炔诺孕酮-D_6和甲羟孕酮-D_3：含量≥97%，具体见附录A。

5.4 标准溶液制备

5.4.1 标准储备液：取性激素类标准品各10 mg，精密称定，分别用甲醇适量使溶解并定容于100 mL棕色容量瓶，配制成浓度均为100 μg/mL的标准储备液。−18 ℃以下保存，有效期1年。

5.4.2 混合标准中间液：准确量取各标准储备液适量，于100 mL棕色容量瓶，用甲醇稀释配制成己二烯雌酚、己烯雌酚、雌酮、群勃龙、诺龙、雄烯二酮、勃地酮、睾酮、美雄酮、甲基睾酮、苯丙酸诺龙、丙酸睾酮、孕酮、21α-羟基孕酮、17α-羟基孕酮、甲羟孕酮、醋酸甲地孕酮、醋酸氯地孕酮和醋酸甲羟孕酮浓度均为1 μg/mL；己烷雌酚、雌二醇、左炔诺孕酮、炔诺酮、苯甲酸雌二醇和康力龙浓度均为2 μg/mL；雌三醇和炔雌醇浓度均为4 μg/mL的混合标准中间液。−18 ℃以下保存，有效期6个月。

5.4.3 混合标准工作液：准确量取混合标准中间液10 mL，于50 mL棕色容量瓶中，用甲醇稀释至刻度，配制成己二烯雌酚、己烯雌酚、雌酮、群勃龙、诺龙、雄烯二酮、勃地酮、睾酮、美雄酮、甲基睾酮、苯丙酸诺龙、丙酸睾酮、孕酮、21α-羟基孕酮、17α-羟基孕酮、甲羟孕酮、醋酸甲地孕酮、醋酸氯地孕酮和醋酸甲羟孕酮浓度均为0.2 μg/mL；己烷雌酚、雌二醇、左炔诺孕酮、炔诺酮、苯甲酸雌二醇和康力龙浓度均为0.4 μg/mL；雌三醇和炔雌醇浓度均为0.8 μg/mL的混合标准工作液。−18 ℃以下保存，有效期3个月。

5.4.4 内标标准储备液：取同位素内标物各10 mg，精密称定，分别用甲醇适量使溶解并定容于50 mL棕色容量瓶，配制成浓度为200 μg/mL的内标单标储备溶液。−18 ℃以下保存，有效期1年。

5.4.5 混合内标工作液：分别准确量取内标储备液适量，于100 mL棕色容量瓶中，用甲醇稀释至刻度，配制成雌二醇-$^{13}C_2$浓度为2 μg/mL；己烯雌酚-D_8、雌酮-D_2、甲基睾酮-D_3、孕酮-D_9、甲羟孕酮-D_3和左炔诺孕酮-D_6浓度均为1 μg/mL的混合内标工作液。−18 ℃以下保存，有效期6个月。

5.5 材料

5.5.1 C_{18}固相萃取柱：500 mg/3 mL，或相当者。

5.5.2 微孔尼龙滤膜：0.22 μm。

6 仪器和设备

6.1 高效液相色谱-串联质谱仪：配电喷雾离子源(ESI)。

6.2 分析天平：感量0.000 01 g和0.01 g。

6.3 高速离心机：10 000 r/min。

6.4 涡旋混合器。

6.5 均质机。

6.6 旋转蒸发仪。

6.7 固相萃取装置。

6.8 梨形瓶：100 mL。

6.9 超声波清洗器。

6.10 塑料离心管：10 mL和50 mL。

7 试样的制备与保存

7.1 试样的制备

按GB/T 30891—2014附录B的要求制样。

a) 取均质的供试样品，作为供试试样；

b) 取均质的空白样品，作为空白试样；

c) 取均质的空白样品，添加适宜浓度的标准溶液，作为空白添加试样。

7.2 试样的保存

−18 ℃以下保存。

8 测定步骤

8.1 提取

取试料 5 g(准确至±0.05 g)，于 50 mL 离心管中，准确加入 30 μL 混合内标工作液和乙酸-乙酸钠缓冲液 10 mL，涡旋 30 s，加乙酸乙酯-甲基叔丁基醚溶液 10 mL，涡旋 1 min，超声 10 min，涡旋混合 1 min，于 8 000 r/min 离心 8 min，取上层有机相于 100 mL 梨形瓶；残渣用乙酸乙酯 10 mL 重复提取 1 次，有机相合并至梨形瓶中，于 35 ℃水浴旋转蒸发至干。对蒸干后有油脂残留的样品，用氮气或空气将残留在油脂中的乙酸乙酯吹除干净。加入正己烷 7 mL 溶解残留物，备用。

8.2 净化

取 C_{18} 固相萃取柱，依次用甲醇、正己烷各 5 mL 活化。取备用液，过柱，控制流速不超过 1 滴/s；用正己烷 10 mL 淋洗，吹干；用甲醇 10 mL 洗脱，收集洗脱液，于 40 ℃水浴旋转蒸发至干。准确加入甲醇 0.85 mL，涡旋混合 1 min，再准确加入水 0.15 mL，混合 30 s，8 000 r/min，离心 6 min，上清液用 0.22 μm 尼龙滤膜过滤，供液相色谱-串联质谱测定。

8.3 基质匹配标准工作曲线的制备

分别取 10 μL、25 μL、50 μL、100μL、250 μL、500 μL 混合标准工作溶液于 5 mL 玻璃离心管中，分别加混合内标工作液 30 μL，吹干，加入经 7.1 和 7.2 步骤处理所得的基质空白溶液 1.0 mL，混合 1 min，配制成激素浓度为 2 ng/ mL～400 ng/mL 系列基质匹配标准工作液，上机测定。以标准物质特征离子色谱峰的峰面积与内标物特征离子色谱峰的峰面积比值为纵坐标、相应的浓度为横坐标，绘制基质标准工作曲线。求回归方程和相关系数。

8.4 测定

8.4.1 液相色谱参考条件

a) 色谱柱：XBridge Shield RP18 柱(4.6 mm×150 mm，5 μm)，或相当者；

b) 流速：0.4 mL/min；

c) 进样量：20 μL；

d) 柱温：25 ℃；

e) 流动相 A 为甲醇；流动相 B 为 0.02%氨水，梯度洗脱程序见表 1。

表 1 梯度洗脱条件

时间，min	A，%	B，%
0.0	85	15
8.0	90	10
15.0	90	10
15.1	97	3
20.0	97	3
20.1	85	15
25.0	85	15

8.4.2 质谱参考条件

a) 离子源：ESI；

b) 喷雾电压：3.0 kV；

c) 离子传输管温度：350 ℃；

d) 鞘气流速：13.3 L/min；

e) 辅助气流速：3.3 L/min；

f) 碰撞气压：0.199 5 Pa；

g) 检测方式：多反应监测(MRM)，27 种激素及内标物多反应监测母离子、子离子、碰撞能量和扫描方式见表 2。

表 2　27 种性激素及内标物母离子、子离子、碰撞能量和扫描方式

序号	化合物名称	扫描方式	母离子 m/z	锥孔电压 V	子离子 m/z	碰撞能量 eV	内标物
1	己二烯雌酚	ESI$^-$	264.9	87	236.1	29	己烯雌酚-D_8
					249.1*	29	
2	己烯雌酚	ESI$^-$	266.9	87	237.1	30	
					251.1*	28	
3	己烷雌酚	ESI$^-$	269.2	87	134.1	19	雌酮-D_2
					119.1*	48	
4	雌酮	ESI$^-$	268.9	87	183.1	45	
					145.1*	40	
5	雌二醇	ESI$^-$	271.2	87	183.2*	42	雌二醇-$^{13}C_2$
					145.1	43	
6	雌三醇	ESI$^-$	287.1	87	145.1	46	
					171.1*	40	
7	炔雌醇	ESI$^-$	295.1	87	159.1	35	
					145.1*	48	
8	苯甲酸雌二醇	ESI$^+$	377.2	126	135.1	10	甲羟孕酮-D_3
					105.1*	28	
9	17-α 羟基孕酮	ESI$^+$	331.2	126	109.1	23	
					97.1*	23	
10	21-α 羟基孕酮	ESI$^+$	331.2	126	109.1	23	
					97.1*	23	
11	醋酸甲羟孕酮	ESI$^+$	387.2	126	123.1	29	
					327.3*	11	
12	醋酸氯地孕酮	ESI$^+$	405.2	126	309.3	14	
					301.2*	19	
13	醋酸甲地孕酮	ESI$^+$	385.2	126	267.2	18	
					224.2*	23	
14	甲羟孕酮	ESI$^+$	345.3	126	97.1	29	
					123.1*	23	
15	炔诺酮	ESI$^+$	299.2	87	231.2	17	
					109.1*	26	
16	康力龙	ESI$^+$	329.4	126	121.1	36	
					81.1*	43	
17	孕酮	ESI$^+$	315.0	87	109.1	28	孕酮-D_9
					97.1*	22	
18	左炔诺孕酮	ESI$^+$	313.2	87	109.1	30	左炔诺孕酮-D_6
					245.2*	18	
19	诺龙	ESI$^+$	275.2	87	257.2	13	甲基睾酮-D_3
					239.2*	16	
20	苯丙酸诺龙	ESI$^+$	407.2	126	257.2*	16	
					105.2	28	
21	睾酮	ESI$^+$	289.2	87	97.2	20	
					109.1*	27	
22	勃地酮	ESI$^+$	287.2	87	121.1	22	
					135.2*	13	

表2（续）

序号	化合物名称	扫描方式	母离子 m/z	锥孔电压 V	子离子 m/z	碰撞能量 eV	内标物
23	群勃龙	ESI^+	271.1	87	199.1	18	甲基睾酮-D_3
					253.2*	23	
24	甲基睾酮	ESI^+	303.1	87	109.1	26	
					97.1*	28	
25	雄烯二酮	ESI^+	287.2	87	109.1	24	
					97.1*	20	
26	美雄酮	ESI^+	301.2	87	149.2	12	
					121.1*	23	
27	丙酸睾酮	ESI^+	345.2	126	109.1	29	
					97.1*	30	
28	甲基睾酮-D_3	ESI^+	306.2	87	109.2*	30	—
29	孕酮-D_9	ESI^+	324.2	126	100.2*	27	
30	己烯雌酚-D_8	ESI^-	275.2	87	259.4*	28	
31	雌酮-D_2	ESI^-	271.2	87	147.1*	44	
32	左炔诺孕酮-D_6	ESI^+	319.2	126	251.2*	17	
33	甲羟孕酮-D_3	ESI^+	348.2	126	126.2*	27	
34	雌二醇-$^{13}C_2$	ESI^-	272.9	87	147.1	43	

注：* 为定量离子。

8.5 测定法

8.5.1 定性测定

在同样的测试条件下，试料溶液中激素类药物的保留时间与标准工作液中激素类药物的保留时间之比偏差在±2.5%以内；且检测到的离子的相对丰度，应当与浓度相当的校正标准溶液的离子相对丰度一致。其允许偏差应符合表3的要求。

表3 定性测定时相对离子丰度的最大允许偏差

单位为百分号

相对离子丰度	允许偏差
＞50	±20
＞20～50	±25
＞10～20	±30
≤10	±50

8.5.2 定量测定

取试料溶液和基质匹配标准工作液，作单点或多点校准，按内标法定量。基质匹配标准工作液及试料溶液中目标物的响应值均应在仪器检测的线性范围内。在上述色谱-质谱条件下，标准溶液特征离子质量色谱图见附录B。

8.6 空白试验

取空白试样，除不加药物外，采用完全相同的测定步骤进行平行操作。

9 结果计算和表述

试样中待测药物的残留量按标准曲线或公式(1)计算。

$$X=\frac{A\times A'_{is}\times C_s\times C_{is}\times V}{A_{is}\times A_s\times C'_{is}\times m} \quad\cdots\cdots(1)$$

式中：

X ——试样中待测物残留量的数值，单位为微克每千克(μg/kg)；

A ——试样溶液中待测物的峰面积；
A_{is} ——试样溶液中内标的峰面积；
A_s ——标准溶液中待测物的峰面积；
A'_{is} ——标准溶液中内标的峰面积；
C_{is} ——试样溶液中内标浓度的数值，单位为微克每升（μg/L）；
C_s ——标准溶液中待测物浓度的数值，单位为微克每升（μg/L）；
C'_{is} ——标准溶液中内标浓度的数值，单位为微克每升（μg/L）；
V ——定容体积的数值，单位为毫升（mL）；
m ——供试试样质量的数值，单位为克（g）。

10 方法灵敏度、准确度和精密度

10.1 灵敏度

本方法已二烯雌酚、已烯雌酚、雌酮、群勃龙、诺龙、雄烯二酮、勃地酮、睾酮、美雄酮、甲基睾酮、苯丙酸诺龙、丙酸睾酮、孕酮、21α-羟基孕酮、17α-羟基孕酮、甲羟孕酮、醋酸甲地孕酮、醋酸氯地孕酮和醋酸甲羟孕酮检测限为 0.5 μg/kg，定量限为 1.0 μg/kg；已烷雌酚、雌二醇、左炔诺孕酮、炔诺酮、苯甲酸雌二醇和康力龙的检测限为 1.0 μg/kg，定量限为 2.0 μg/kg；雌三醇和炔雌醇的检测限为 2.0 μg/kg，定量限为 4.0 μg/kg。

10.2 准确度

本方法已二烯雌酚、已烯雌酚、雌酮、群勃龙、诺龙、雄烯二酮、勃地酮、睾酮、美雄酮、甲基睾酮、苯丙酸诺龙、丙酸睾酮、孕酮、21α-羟基孕酮、17α-羟基孕酮、甲羟孕酮、醋酸甲地孕酮、醋酸氯地孕酮和醋酸甲羟孕酮在 1.0 μg/kg～20 μg/kg 添加浓度范围内回收率为 60%～120%；已烷雌酚、雌二醇、左炔诺孕酮、炔诺酮、苯甲酸雌二醇和康力龙在 2.0 μg/kg～40 μg/kg 添加浓度范围内回收率为 50%～120%；雌三醇和炔雌醇在 4.0 μg/kg～80 μg/kg 添加浓度范围内回收率为 60%～120%。

10.3 精密度

本方法的批内相对标准偏差≤20%，批间相对标准偏差≤20%。

附 录 A
（资料性）
性激素类药物中英文名称、化学式和 CAS 号

性激素类药物中英文名称、化学式和 CAS 号见表 A.1。

表 A.1 性激素类药物中英文名称、化学式和 CAS 号

中文名称	英文名称	化学式	CAS 号
己二烯雌酚	Dienestrol	$C_{18}H_{18}O_2$	84-17-3
己烯雌酚	Diethylstilbestrol	$C_{18}H_{20}O_2$	56-53-1
己烷雌酚	Hexestrol	$C_{18}H_{22}O_2$	84-16-2
雌酮	Estrone	$C_{18}H_{22}O_2$	53-16-7
雌二醇	β-Estradiol	$C_{18}H_{24}O_2$	50-28-2
雌三醇	Estriol	$C_{18}H_{24}O_3$	50-27-1
炔雌醇	Ethinyl Estradiol	$C_{20}H_{24}O_2$	57-63-6
苯甲酸雌二醇	β-Estradiol 3-benzoate	$C_{25}H_{28}O_3$	50-50-0
17-α 羟基孕酮	17A-acetoxyprogesterone	$C_{23}H_{32}O_4$	302-23-8
21-α 羟基孕酮	Desoxycorticosterone	$C_{21}H_{30}O_3$	64-85-7
醋酸甲羟孕酮	Medroxyprogesterone Acetate	$C_{24}H_{34}O_4$	71-58-9
醋酸氯地孕酮	Chlormadinone Acetate	$C_{23}H_{29}ClO_4$	302-22-7
醋酸甲地孕酮	Megestrol Acetate	$C_{24}H_{32}O_4$	51154-23-5
左炔诺孕酮	Levonorgestre	$C_{21}H_{28}O_2$	797-63-7
甲羟孕酮	Medroxyprogesterone	$C_{22}H_{32}O_3$	520-85-4
诺龙	Nandrolone	$C_{18}H_{26}O_2$	434-22-0
苯丙酸诺龙	Nandrolone phenylpropionate	$C_{27}H_{34}O_3$	62-90-8
睾酮	Testosterone	$C_{19}H_{28}O_2$	58-22-0
勃地酮	Boldenone	$C_{19}H_{26}O_2$	846-48-0
孕酮	Progesterone	$C_{21}H_{30}O_2$	57-83-0
群勃龙	Trenbolone	$C_{18}H_{22}O_2$	10161-33-8
甲基睾酮	17-Methyltestosterone	$C_{20}H_{30}O_2$	58-18-4
雄烯二酮	Androstenedione	$C_{19}H_{26}O_2$	63-05-8
美雄酮	Methandrostenolone	$C_{20}H_{28}O_2$	72-63-9
炔诺酮	Norethindrone	$C_{20}H_{26}O_2$	68-22-4
康力龙	Stanozolol	$C_{21}H_{32}N_2O$	10418-03-8
丙酸睾酮	Testosterone propionate	$C_{22}H_{32}O_3$	57-85-2
己烯雌酚-D_8	Diethylstilbestrol-D_8	$C_{18}H_{12}D_8O_2$	91318-10-4
雌酮-D_2	Estrone-D_2	$C_{18}H_{20}D_2O_2$	56588-58-0
雌二醇-$^{13}C_2$	Estradiol-$^{13}C_2$	$^{13}C_2C_{16}H_{24}O_2$	82938-05-4
甲羟孕酮-D_3	Medroxyprogesterone-D_3	$C_{24}H_{31}D_3O_4$	162462-69-3
孕酮-D_9	Progesterone-D_9	$C_{21}H_{21}D_9O_2$	15775-74-3
左炔诺孕酮-D_6	Levonorgestrel-D_6	$C_{21}H_{22}D_6O_2$	—
甲基睾酮-D_3	Methyltestosterone-D_3	$C_{20}H_{27}D_3O_2$	96425-03-5

附 录 B
(资料性)

标准溶液及 7 种内标特征离子质量色谱图(25 μg/L)见图 B.1。

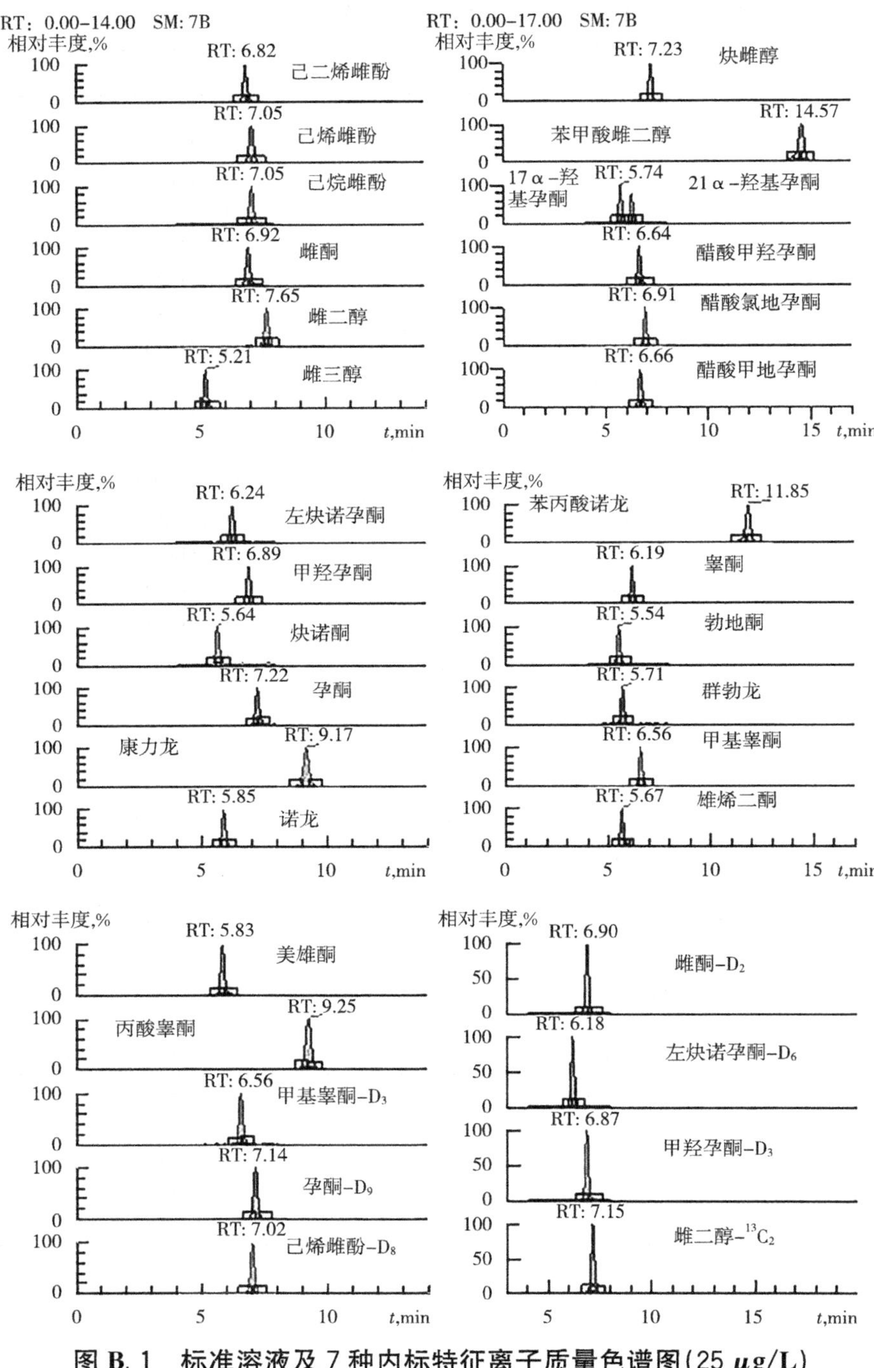

图 B.1 标准溶液及 7 种内标特征离子质量色谱图(25 μg/L)

ICS 67.120.30
CCS X 20

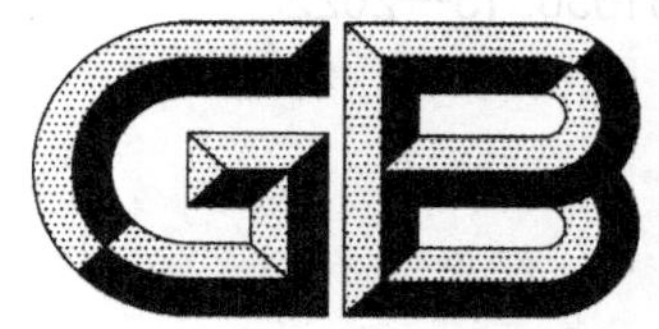

中华人民共和国国家标准

GB 31656.15—2022

食品安全国家标准
水产品中甲苯咪唑及其代谢物残留量的测定　液相色谱-串联质谱法

**National food safety standard—
Determination of mebendazole and its metabolites residues in aquatic products by liquid chromatography–tandem mass spectrometry method**

2022-09-20 发布　　2023-02-01 实施

中华人民共和国农业农村部
中华人民共和国国家卫生健康委员会　发布
国家市场监督管理总局

前　言

本文件按照 GB/T 1.1—2020《标准化工作导则　第1部分:标准化文件的结构和起草规则》的规定起草。

本文件系首次发布。

食品安全国家标准
水产品中甲苯咪唑及其代谢物残留量的测定
液相色谱-串联质谱法

1 范围

本文件规定了水产品中甲苯咪唑及其主要代谢物羟基甲苯咪唑和氨基甲苯咪唑残留量检测的制样和液相色谱-串联质谱测定方法。

本文件适用于鱼、虾和鳖可食组织中甲苯咪唑及其主要代谢物羟基甲苯咪唑和氨基甲苯咪唑残留量的检测。

2 规范性引用文件

下列文件中的内容通过文中的规范性引用而构成本文件必不可少的条款。其中，注日期的引用文件，仅该日期对应的版本适用于本文件；不注日期的引用文件，其最新版本（包括所有的修改单）适用于本文件。

GB/T 6682 分析实验室用水规则和试验方法

GB/T 30891—2014 水产品抽样规范

3 术语和定义

本文件没有需要界定的术语和定义。

4 原理

试样中残留的甲苯咪唑、羟基甲苯咪唑和氨基甲苯咪唑，用乙酸乙酯提取，正己烷除脂，用液相色谱-串联质谱法检测，内标法定量。

5 试剂和材料

除另有规定外，所有试剂均为分析纯，水为符合 GB/T 6682 规定的一级水。

5.1 试剂

5.1.1 甲酸（HCOOH）：色谱纯。

5.1.2 乙酸乙酯（$CH_3COOHC_2H_5$）：色谱纯。

5.1.3 甲醇（CH_3OH）：色谱纯。

5.1.4 正己烷（C_6H_{14}）：色谱纯。

5.1.5 二甲基亚砜[$(CH_3)_2SO$]：色谱纯。

5.2 溶液的配制

5.2.1 50 mmol/L 磷酸氢二钠溶液：取磷酸氢二钠 8.95 g，用水溶解并稀释至 500 mL。

5.2.2 0.1%甲酸溶液：取 0.5 mL 甲酸，加水溶解并稀释至 500 mL，混匀。

5.2.3 甲醇-0.1%甲酸溶液（50：50，V/V）：取甲醇、0.1%的甲酸溶液等体积混匀。

5.3 标准品

甲苯咪唑（MBZ），含量≥99.0%；羟基甲苯咪唑（MBZ-OH），含量≥99.0%；氨基甲苯咪唑（MBZ-NH_2），含量≥99.0%；氘代甲苯咪唑（MBZ-D_3），含量≥99.5%；氘代羟基甲苯咪唑（MBZ-OH-D_3），含量≥99.0%。具体见附录 A。

5.4 标准溶液的制备

5.4.1 标准储备液(100 μg /mL):取甲苯咪唑、羟基甲苯咪唑和氨基甲苯咪唑标准品各 10 mg,精密称定,分别用 10 mL 二甲基亚砜溶解,加甲醇稀释定容至 100 mL 容量瓶,摇匀。−18 ℃以下保存,有效期 3 个月。

5.4.2 混合标准工作液:精密量取甲苯咪唑、羟基甲苯咪唑和氨基甲苯咪唑标准储备液各 1 mL,用甲醇-0.1%甲酸溶液稀释配制成浓度为 1 000 ng/mL、100 ng/mL、10 ng/mL 3 个浓度混合标准工作液。现用现配。

5.4.3 内标标准储备液(100 μg /mL):取氘代甲苯咪唑和氘代羟基甲苯咪唑标准品各 10 mg,精密称定,分别用 10 mL 二甲基亚砜溶解,用甲醇稀释定容至 100 mL 容量瓶,摇匀。−18 ℃以下保存,有效期 3 个月。

5.4.4 混合内标工作液:精密量取氘代甲苯咪唑和氘代羟基甲苯咪唑内标标准储备液各 1 mL,用甲醇-0.1%甲酸溶液稀释成含氘代甲苯咪唑和氘代羟基甲苯咪唑浓度分别为 50 ng/mL 和 10 ng/mL 的混合内标工作液。现用现配。

5.5 材料

微孔尼龙滤膜:0.22 μm。

6 仪器和设备

6.1 液相色谱-串联质谱仪(LC-MS/MS):配电喷雾离子源(ESI)。

6.2 分析天平:感量 0.000 01 g 和 0.01 g。

6.3 离心机:8 000 r/min。

6.4 涡旋混合器。

6.5 超声波清洗仪。

6.6 氮吹仪。

6.7 具塞聚丙烯离心管:50 mL。

7 试样的制备与保存

7.1 试样的制备

按 GB/T 30891—2014 附录 B 的要求制样。

a) 取均质后的供试样品,作为供试试料;

b) 取均质后的空白样品,作为空白试料;

c) 取均质后的空白样品,添加适宜浓度的标准工作液,作为空白添加试料。

7.2 试样的保存

−18 ℃以下保存。

8 测定步骤

8.1 提取

取试料 2 g(准确至±0.05 g),于 50 mL 具塞离心管,准确加入混合内标工作液 100 μL,涡旋振荡 2 min,加 50 mmol/L 的磷酸氢二钠溶液 5 mL,涡旋振荡 1 min,加乙酸乙酯 6 mL,涡旋振荡 1 min,8 000 r/min离心 6 min,收集上清液(乙酸乙酯层),残渣加乙酸乙酯 3 mL 重复提取 1 次,合并上清液,备用。

8.2 净化

取备用液,40 ℃氮气吹干,用甲醇-0.1%甲酸溶液 2.0 mL 溶解残留物,加正己烷 2 mL,涡旋振荡 1 min,8 000 r/min 离心 6 min,弃去上层正己烷层,重复去脂 1 次,取澄清液,过 0.22 μm 滤膜,供液相色谱-串联质谱仪测定。

8.3 标准曲线的制作

精密量取标准工作液和内标工作液适量，用甲醇- 0.1%甲酸溶液稀释成甲苯咪唑、氨基甲苯咪唑和羟基甲苯咪唑的浓度均为 0.5 ng/mL、1 ng/mL、2 ng/mL、5 ng/mL、10 ng/mL、20 ng/mL、50 ng/mL、100 ng/mL 系列标准工作液(内标氘代甲苯咪唑浓度为 2.5 ng/mL、氘代羟基甲苯咪唑为 0.5 ng/mL)，供液相色谱-串联质谱测定。分别以各药物浓度与内标物浓度的比值为横坐标(x)、各药物的峰面积与同位素内标峰面积的比值为纵坐标(y)绘制标准曲线。求回归方程和相关系数。

8.4 测定

8.4.1 色谱参考条件

a) 色谱柱：C_{18}(100 mm×2.1 mm，粒径 3 μm)，或性能相当者；

b) 柱温：30 ℃；

c) 进样量：10 μL；

d) 流速：0.2 mL/min；

e) 流动相：A 为甲醇；B 为 0.1%甲酸溶液，梯度洗脱程序见表 1。

表 1 流动相及梯度洗脱条件

时间，min	A，%	B，%
0.0	35	65
0.2	50	50
3.0	65	35
7.0	65	35
7.5	35	65
10.0	35	65

8.4.2 质谱参考条件

a) 离子源：电喷雾离子源(ESI)；

b) 扫描方式：正离子扫描；

c) 喷雾电压：3 500 V；

d) 鞘气压力：30 L/min；

e) 辅助气压力：15 L/min；

f) 离子传输管温度：350 ℃；

g) 源内碰撞诱导解离电压：12 V；

h) 检测方式：选择反应监测(SRM)，选择反应监测母离子、子离子、碰撞能量见表 2；

i) Q1 半峰宽：0.4 Da；

j) Q3 半峰宽：0.7 Da；

k) 碰撞气压力：氩气，0.2 Pa。

表 2 母离子、子离子和碰撞能量

目标化合物	母离子 m/z	子离子 m/z	碰撞能量 eV
甲苯咪唑	296.0	105.0[a]	24
		77.2	33
羟基甲苯咪唑	298.0	160.0[a]	31
		266.0	20
氨基甲苯咪唑	238.0	105.1[a]	29
		77.2	17
氘代羟基甲苯咪唑	301.1	266.0	20
氘代甲苯咪唑	299.0	105.1	32
注：[a] 为定量离子。			

8.4.3 测定法

8.4.3.1 定性测定

在同样测试条件下，试料溶液中甲苯咪唑及其代谢物的保留时间与标准工作液中的保留时间之比，偏差在±2.5%以内，且检测到的离子相对丰度，应当与浓度相当的校正标准溶液相对丰度一致，其允许偏差应符合表3的要求。

表3 定性确证时相对离子丰度的最大允许偏差

单位为百分号

相对离子丰度	允许偏差
>50	±20
>20～50	±25
>10～20	±30
≤10	±50

8.4.3.2 定量测定

取试料溶液和标准工作液，作单点或多点校准，甲苯咪唑以氘代甲苯咪唑为内标，羟基甲苯咪唑和氨基甲苯咪唑以氘代羟基甲苯咪唑为内标，以色谱峰面积定量，内标法计算。标准溶液及试料溶液中目标药物的特征离子质量色谱峰峰面积均应在仪器检测的线性范围之内。标准溶液特征离子质量色谱图见附录B。

8.5 空白试验

取空白试料，除不加药物外，采用完全相同的测定步骤进行平行操作。

9 结果计算和表述

试样中待测物的残留量按标准曲线或公式(1)计算。

$$X=\frac{A_i \times A'_{is} \times C_s \times C_{is} \times V}{A_{is} \times A_s \times C'_{is} \times m} \quad \cdots\cdots (1)$$

式中：

X ——试样中被测物质残留量的数值，单位为微克每千克(μg/kg)；

C_s ——标准工作溶液中被测物质浓度的数值，单位为纳克每毫升(ng/mL)；

C_{is} ——试样溶液中内标浓度的数值，单位为纳克每毫升(ng/mL)；

C'_{is} ——标准工作溶液中内标浓度的数值，单位为纳克每毫升(ng/mL)；

A_i ——试样溶液中被测物质的峰面积；

A'_{is} ——标准工作溶液中内标的峰面积；

A_{is} ——试样溶液中内标的峰面积；

A_s ——标准工作溶液中被测物质的峰面积；

V ——试样溶液定容体积的数值，单位为毫升(mL)；

m ——供试试样质量的数值，单位为克(g)。

10 检测方法灵敏度、准确度、精密度

10.1 灵敏度

本方法甲苯咪唑、氨基甲苯咪唑和羟基甲苯咪唑的检测限均为0.5 μg/kg，定量限为1 μg/kg。

10.2 准确度

本方法添加浓度为1 μg/kg～40 μg/kg时，回收率均为70%～120%。

10.3 精密度

本方法的批内相对标准偏差≤15%，批间相对标准偏差≤15%。

附 录 A
（资料性）
甲苯咪唑及其代谢物、内标物的英文名称、分子式和 CAS 号

甲苯咪唑及其代谢物、内标物的英文名称、分子式和 CAS 号见表 A.1。

表 A.1 甲苯咪唑及其代谢物、内标物的英文名称、分子式和 CAS 号

化合物	英文名	分子式	CAS 号
甲苯咪唑	Mebendazole	$C_{16}H_{13}N_3O_3$	31431-39-7
羟基甲苯咪唑	5-Hydroxymebendazole	$C_{16}H_{15}N_3O_3$	60254-95-7
氨基甲苯咪唑	Aminomebendazole	$C_{14}H_{11}N_3O$	52329-60-9
氘代甲苯咪唑	Mebendazole-D_3	$C_{16}H_{10}D_3N_3O_3$	1173021-87-8
氘代羟基甲苯咪唑	5-Hydroxymebendazole-D_3	$C_{16}H_{12}D_3N_3O_3$	1173020-86-4

附 录 B
（资料性）
标准溶液特征离子质量色谱图

标准溶液中甲苯咪唑、羟基甲苯咪唑、氨基甲苯咪唑及氘代甲苯咪唑和氘代羟基甲苯咪唑特征离子质量色谱图见图B.1。

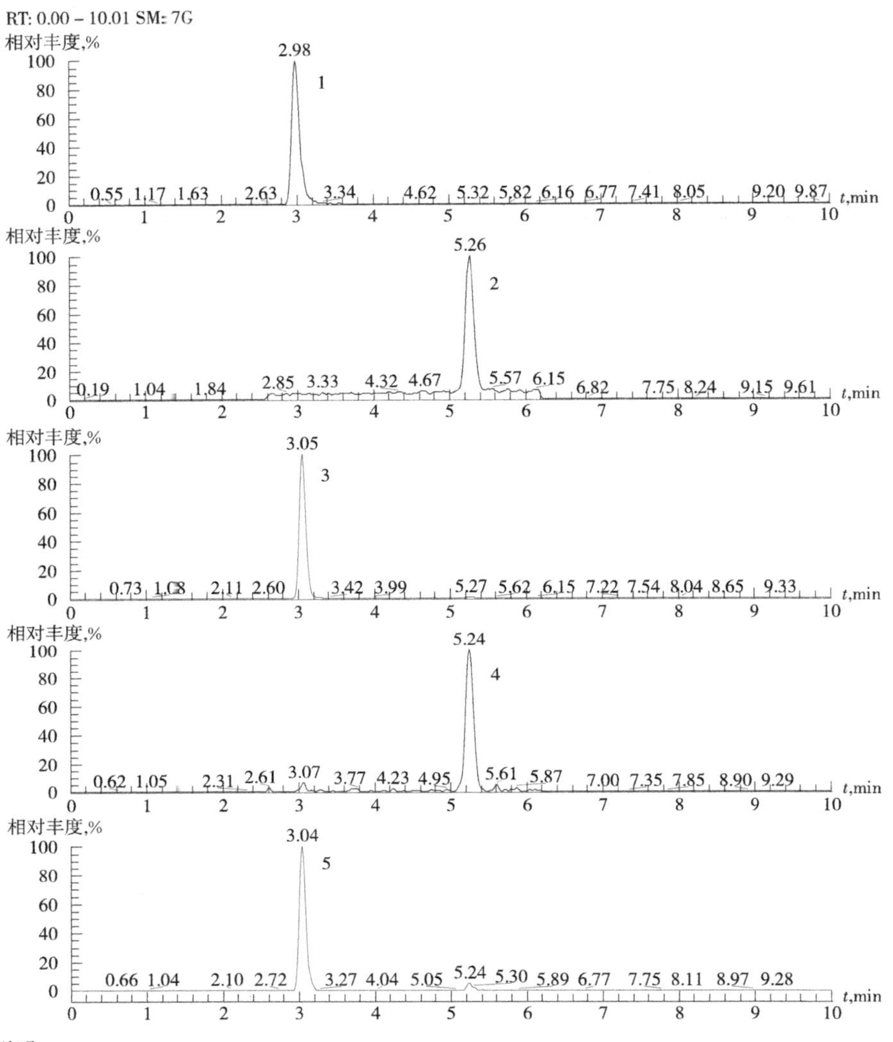

标引序号说明：

1——氨基甲苯咪唑特征离子质量色谱图（238.0>105.1）；

2——羟基甲苯咪唑特征离子质量色谱图（298.0>160.0）；

3——甲苯咪唑特征离子质量色谱图（296.0>105.0）；

4——氘代羟基甲苯咪唑特征离子质量色谱图（301.1>266.0）；

5——氘代甲苯咪唑特征离子质量色谱图（299.0>105.1）。

图B.1 标准溶液中甲苯咪唑、羟基甲苯咪唑、氨基甲苯咪唑及氘代甲苯咪唑和氘代羟基甲苯咪唑特征离子质量色谱图（5 ng/mL）

ICS 67.120.30
CCS X 20

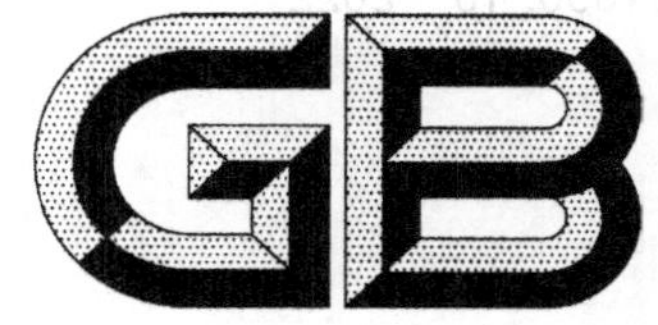

中华人民共和国国家标准

GB 31656.16—2022

食品安全国家标准
水产品中氯霉素、甲砜霉素、氟苯尼考和氟苯尼考胺残留量的测定　气相色谱法

National food safety standard—
Determination of chloramphenicol,thiamphenicol,florfenicoland and florfenicol-amine residues in aquatic products by gas chromatography

2022-09-20 发布　　2023-02-01 实施

中华人民共和国农业农村部
中华人民共和国国家卫生健康委员会　发布
国家市场监督管理总局

前　言

本文件按照GB/T 1.1—2020《标准化工作导则　第1部分:标准化文件的结构和起草规则》的规定起草。

本文件系首次发布。

食品安全国家标准
水产品中氯霉素、甲砜霉素、氟苯尼考和氟苯尼考胺残留量的测定
气相色谱法

1 范围

本文件规定了水产品中氯霉素、甲砜霉素、氟苯尼考和氟苯尼考胺残留量测定的制样和气相色谱测定方法。

本文件适用于鱼、虾、鳖、贝、海参等水产品可食组织中氯霉素、甲砜霉素、氟苯尼考及氟苯尼考胺残留量的测定。

2 规范性引用文件

下列文件中的内容通过文中的规范性引用而构成本文件必不可少的条款。其中，注日期的引用文件，仅该日期对应的版本适用于本文件；不注日期的引用文件，其最新版本（包括所有的修改单）适用于本文件。

GB/T 6682 分析实验室用水规格和试验方法

GB/T 30891—2014 水产品抽样规范

3 术语和定义

本文件没有需要界定的术语和定义。

4 原理

试样中残留的氯霉素、甲砜霉素、氟苯尼考和氟苯尼考胺，在碱性条件下用乙酸乙酯提取，正己烷去脂，固相萃取柱净化，硅烷化试剂衍生化，气相色谱法检测，外标法定量。

5 试剂与材料

除另有规定外，所有试剂均为分析纯，水为符合 GB/T 6682 规定的一级水。

5.1 试剂

5.1.1 乙腈（CH_3CN）：色谱纯。

5.1.2 甲醇（CH_3OH）：色谱纯。

5.1.3 正己烷（C_6H_{14}）：色谱纯。

5.1.4 乙酸（CH_3COOH）：色谱纯。

5.1.5 乙酸乙酯（$C_4H_8O_2$）：色谱纯。

5.1.6 甲苯（C_7H_8）：色谱纯。

5.1.7 浓氨水（$NH_3 \cdot H_2O$）。

5.1.8 N,O-双（三甲基硅烷基）三氟乙酰胺（BSTFA）：$C_8H_{18}F_3NOSi_2$。

5.1.9 三甲基氯硅烷（TMCS）：C_3H_9ClSi。

5.2 溶液配制

5.2.1 乙酸乙酯-氨水：取浓氨水 2 mL，用乙酸乙酯稀释至 100 mL。现用现配。

5.2.2 甲醇-氨水：取浓氨水 2 mL，用甲醇稀释至 100 mL。现用现配。

5.2.3 5%乙酸溶液：取乙酸 5 mL，用水稀释至 100 mL。

5.2.4 衍生化试剂：取 N,O-双（三甲基硅烷基）三氟乙酰胺（BSTFA）与三甲基氯硅烷（TMCS），按体积比 99∶1 混合。现用现配。

5.3 标准品

氯霉素、甲砜霉素、氟苯尼考、氟苯尼考胺，含量均≥98%。具体见附录 A。

5.4 标准溶液制备

5.4.1 标准储备液：取氯霉素、甲砜霉素、氟苯尼考、氟苯尼考胺标准品各 15 mg，精密称定，分别加乙腈适量使溶解并稀释定容至 100 mL 棕色容量瓶，配制成浓度均为 150 μg/mL 的标准储备液。−18 ℃以下保存，有效期 3 个月。

5.4.2 混合标准工作液：分别准确量取氯霉素标准储备液 1 mL，甲砜霉素、氟苯尼考和氟苯尼考胺各 10 mL于 50 mL 容量瓶，用乙腈稀释至刻度，制成氯霉素浓度为 3 μg/mL，甲砜霉素、氟苯尼考和氟苯尼考胺浓度均为 30 μg/mL 的混合标准工作液。−18 ℃以下保存，有效期 1 个月。

5.5 材料

5.5.1 MCX 固相萃取柱：60 mg/ 3mL，或相当者。

5.5.2 移液器：20 μL～200 μL，200 μL～1 000 μL。

5.5.3 鸡心瓶：100 mL。

5.5.4 聚乙烯离心管：15 mL、50 mL，具塞。

5.5.5 玻璃离心管：10 mL，具塞。

5.5.6 棕色反应瓶：规格 2 mL。

6 仪器和设备

6.1 气相色谱仪，配^{63}Ni 电子捕获检测器。

6.2 均质机。

6.3 旋转蒸发仪。

6.4 离心机。

6.5 涡旋混合器。

6.6 分析天平：感量 0.000 01 g 和 0.01 g。

6.7 氮吹仪。

6.8 超声波清洗器。

6.9 固相萃取装置。

7 试样的制备与保存

7.1 试样的制备

按 GB/T 30891—2014 附录 B 的要求制样。

a） 取均质后的供试样品，作为供试试样；

b） 取均质后的空白样品，作为空白试样；

c） 取均质后的空白样品，添加适宜浓度的标准工作液，作为空白添加试样。

7.2 试样的保存

−18 ℃以下保存。

8 测定步骤

8.1 提取

取试料 5 g（准确至±0.05 g），置 50 mL 具塞玻璃离心管中，加乙酸乙酯-氨水 20 mL，立即涡旋

1 min，超声 15 min，4 000 r/min 离心 5 min，取上清液于 100 mL 鸡心瓶中，重复提取 1 次，合并上清液，加入 5%乙酸溶液 3 mL，振荡混匀，40 ℃旋转蒸发至约 1.5 mL，备用。

8.2 净化

取备用液于 10 mL 离心管，用 5%乙酸 1.5 mL 洗涤鸡心瓶，洗液并于离心管。加正己烷 5 mL，涡旋混合 1 min，4 000 r/min 离心 5 min，取水层，用正己烷 5 mL 重复脱脂 1 次，取水层，备用。

取 MCX 固相萃取柱，依次用甲醇 3 mL、水 3 mL 活化，取经正己烷脱脂后的备用液，过柱，用 5%乙酸溶液 2 mL 淋洗，弃去淋洗液，用甲醇-氨水 6 mL 洗脱，收集洗脱液，65 ℃氮气吹至近干，再依次用甲醇 1 mL、乙酸乙酯 1 mL 洗涤离心管壁，氮气吹至近干，备用。

8.3 衍生

8.3.1 试料的衍生化

取吹干的提取物，加乙腈 100 μL 复溶，移至 2 mL 棕色反应瓶中，再用 100 μL 清洗并合并至棕色反应瓶中，加衍生化试剂 100 μL，盖塞并涡旋混合 10 s，60 ℃烘箱中反应 30 min。冷却至室温，50 ℃～55 ℃氮气吹干，准确加入甲苯 1.0 mL，涡旋混匀，供气相色谱仪测定。

8.3.2 标准工作液的衍生化

取氯霉素、甲砜霉素、氟苯尼考和氟苯尼考胺混合标准工作液适量于 2 mL 棕色反应瓶中，置 50 ℃氮吹仪吹干。以下按 8.3.1 的步骤操作。

8.4 标准曲线的制备

分别精密量取氯霉素、甲砜霉素、氟苯尼考、氟苯尼考胺标准工作液适量，用乙腈稀释氯霉素浓度为 1.0 μg/L、1.5 μg/L、5.0 μg/L、15.0 μg/L、50.0 μg/L、150.0 μg/L，甲砜霉素、氟苯尼考、氟苯尼考胺浓度均为 10.0 μg/L、15.0 μg/L、50.0 μg/L、150.0 μg/L、500.0 μg/L、1 500.0 μg/L 的系列标准溶液，经衍生化后，供气相色谱测定。以测得峰面积为纵坐标、对应的标准溶液浓度为横坐标，绘制标准曲线。求回归方程和相关系数。

8.5 测定

8.5.1 色谱条件

a) 色谱柱：DB-5MS 石英毛细管柱（30 m×0.25 mm，膜厚 0.25 μm），或相当者；

b) 进样方式：不分流进样；

c) 载气：氮气，纯度 99.999%；

d) 柱流速：1.0 mL/min，尾吹为 25 mL/min；

e) 进样口温度 230 ℃，检测器温度 310 ℃；

f) 柱温程序：起始柱温 80 ℃保持 1 min，以 30 ℃/min 升温至 280 ℃，保持 5 min；

g) 进样量：1.0 μL。

8.5.2 测定法

取试料溶液和相应的标准溶液，作单点或多点校准，按外标法，以峰面积计算。标准溶液及试料溶液中氯霉素、甲砜霉素、氟苯尼考和氟苯尼考胺响应值应在仪器检测的线性范围之内。在上述色谱条件下，标准溶液气相色谱图见附录 B。

8.5.3 空白试验

取空白试样，除不加药物外，采用完全相同的测定步骤进行平行操作。

9 结果计算和表述

试样中待测物的残留量，按标准曲线或公式(1)计算。

$$X=\frac{C_s \times A \times V}{A_s \times m} \quad \cdots\cdots (1)$$

式中：

X ——试样中待测物残留量的数值，单位为微克每千克(μg/kg)；

C_s——标准溶液中待测物浓度的数值，单位为微克每升(μg/L)；

A ——试样溶液中待测物色谱峰面积；

A_s——标准溶液中待测物色谱峰面积；

V ——试样溶液最终定容体积的数值，单位为毫升(mL)；

m ——供试试样质量的数值，单位为克(g)。

10 方法灵敏度、准确度和精密度

10.1 灵敏度

本方法氯霉素的检测限为 0.1 μg/kg，甲砜霉素、氟苯尼考和氟苯尼考胺的检测限均为 1.0 μg/kg。氯霉素的定量限为 0.3 μg/kg，甲砜霉素、氟苯尼考和氟苯尼考胺的定量限均为 3.0 μg/kg。

10.2 准确度

本方法氯霉素在 0.3 μg/kg～30.0 μg/kg 添加水平上的回收率 70%～120%；甲砜霉素、氟苯尼考和氟苯尼考胺在 3.0 μg/kg～300 μg/kg 添加水平上的回收率均为 70%～120%。

10.3 精密度

本方法批内相对标准偏差≤20%，批间相对标准偏差≤20%。

附 录 A
（资料性）
氯霉素、甲砜霉素、氟苯尼考及氟苯尼考胺的英文名称、分子式和 CAS 号

氯霉素、甲砜霉素、氟苯尼考及氟苯尼考胺英文名称、分子式和 CAS 号见表 A.1。

表 A.1　氯霉素、甲砜霉素、氟苯尼考及氟苯尼考胺英文名称、分子式和 CAS 号

化合物	英文名	分子式	CAS 号
氯霉素	Chloramphenicol	$C_{11}H_{12}Cl_2N_2O_5$	56-75-7
甲砜霉素	Thiamphenicol	$C_{11}H_{15}Cl_2NO_5S$	15318-45-3
氟苯尼考	Florfenicol	$C_{12}H_{14}Cl_2FNO_4S$	73231-34-2
氟苯尼考胺	Florfenicol amine	$C_{10}H_{14}FNO_3S$	76639-93-5

附 录 B
（资料性）
氯霉素类药物标准溶液色谱图

氯霉素类药物标准溶液色谱图见图 B.1。

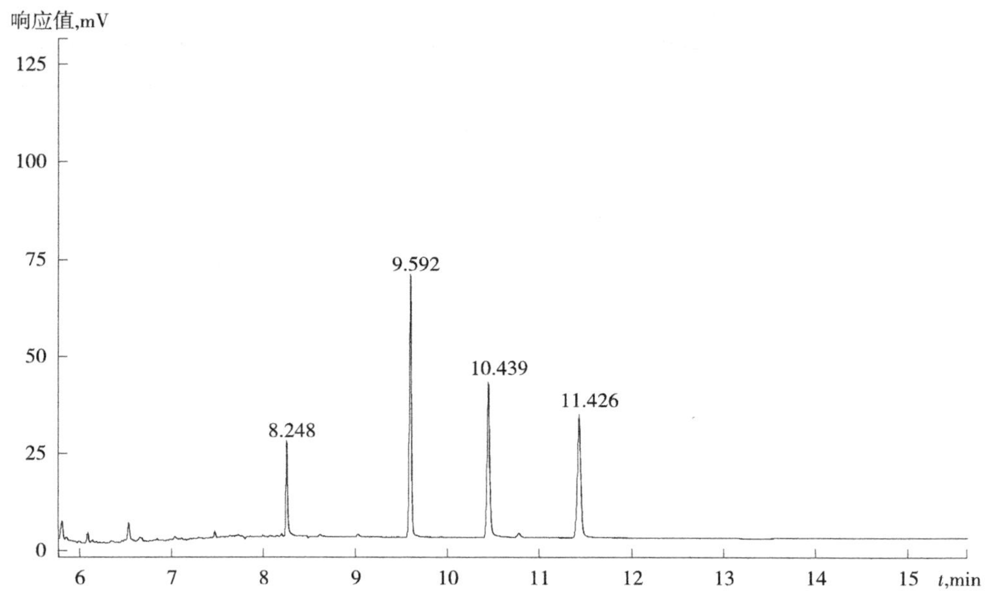

注：出峰顺序从左到右依次为 50.0 μg/L 氟苯尼考胺、5.0 μg/L 氯霉素、50.0 μg/L 氟苯尼考、50.0 μg/L 甲砜霉素。

图 B.1 氯霉素类药物标准溶液色谱图

ICS 67.120.30
CCS X 20

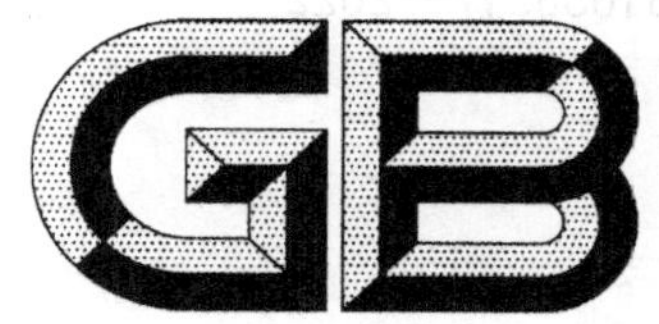

中华人民共和国国家标准

GB 31656.17—2022

食品安全国家标准
水产品中二硫氰基甲烷残留量的测定
气相色谱法

National food safety standard—
Determination of methylene bisthiocyanate residues in aquatic products by gas chromatography

2022-09-20 发布 2023-02-01 实施

中华人民共和国农业农村部
中华人民共和国国家卫生健康委员会 发布
国家市场监督管理总局

前　　言

本文件按照 GB/T 1.1—2020《标准化工作导则　第 1 部分:标准化文件的结构和起草规则》的规定起草。

本文件系首次发布。

食品安全国家标准
水产品中二硫氰基甲烷残留量的测定 气相色谱法

1 范围

本文件规定了水产品中二硫氰基甲烷残留量测定的制样和气相色谱测定方法。

本文件适用于鱼、虾、蟹、鳖等水产品可食组织中二硫氰基甲烷残留量的测定。

2 规范性引用文件

下列文件中的内容通过文中的规范性引用而构成本文件必不可少的条款。其中,注日期的引用文件,仅该日期对应的版本适用于本文件;不注日期的引用文件,其最新版本(包括所有的修改单)适用于本文件。

GB/T 6682 分析实验室用水规格和试验方法

GB/T 30891—2014 水产品抽样规范

3 术语和定义

本文件没有需要界定的术语和定义。

4 原理

试样中残留的二硫氰基甲烷,用二氯甲烷和正己烷混合液提取,去脂,中性氧化铝固相萃取柱净化,气相色谱测定,外标法定量。

5 试剂与材料

除另有规定外,所有试剂均为分析纯,水为符合 GB/T 6682 规定的一级水。

5.1 试剂

5.1.1 乙腈(CH_3CN):色谱纯。

5.1.2 甲醇(CH_3OH):色谱纯。

5.1.3 正己烷(C_6H_{14}):色谱纯。

5.1.4 二氯甲烷(CH_2Cl_2):色谱纯。

5.1.5 丙酮(CH_3COCH_3):色谱纯。

5.1.6 无水硫酸钠(Na_2SO_4)。

5.2 溶液配制

二氯甲烷-正己烷(1∶1,V/V):分别取二氯甲烷和正己烷 250 mL,混匀。现用现配。

5.3 标准品

二硫氰基甲烷(Methylene bisthiocyanate,$C_3H_2N_2S_2$,CAS 号:6317-18-6),含量≥99%。

5.4 标准溶液制备

5.4.1 标准储备液:准确称取二硫氰基甲烷标准品 10 mg,用乙腈适量使溶解并稀释定容至 50 mL 棕色容量瓶,配制成浓度为 200 μg/mL 的标准储备液。−18 ℃以下保存,有效期 3 个月。

5.4.2 标准工作液:精确量取二硫氰基甲烷标准储备液适量,用二氯甲烷稀释,配制成浓度为 0.05 μg/mL、0.1 μg/mL、0.5 μg/mL、1.0 μg/mL、2.0 μg/mL、5.0 μg/mL 和 10.0 μg/mL 的系列标准工作液。现用现配。

5.5 材料

中性氧化铝固相萃取柱，填料 60 mg/3 mL，或相当者。

6 仪器和设备

6.1 气相色谱仪，配脉冲式火焰光度(PFPD)检测器。

6.2 均质机。

6.3 旋转蒸发仪。

6.4 离心机。

6.5 涡旋混合器。

6.6 分析天平：感量 0.000 01 g 和 0.01 g。

6.7 氮吹仪。

7 试样的制备与保存

7.1 试样的制备

按 GB/T 30891—2014 附录 B 的要求制样。

a) 取均质后的供试样品，作为供试试料；

b) 取均质后的空白样品，作为空白试料；

c) 取均质后的空白样品，添加适宜浓度的标准工作液，作为空白添加试料。

7.2 试样的保存

−18 ℃以下冷冻保存。

8 测定步骤

8.1 提取

取试料 5 g(准确至±0.05 g)，置于 50 mL 具塞玻璃离心管中，加二氯甲烷-正己烷(1∶1，V/V) 15 mL，立即涡旋 1 min，超声提取 10 min，4 000 r/min 离心 5 min，用玻璃胶头滴管取上清液于鸡心瓶中，重复提取 1 次，合并 2 次上清液，混匀，40 ℃氮气吹至 0.5 mL～1.0 mL，备用。

8.2 净化和浓缩

取中性氧化铝固相萃取柱，上层添加无水硫酸钠 1.0 g，将备用液过柱并收集，用二氯甲烷-正己烷(1∶1，V/V) 2.0 mL 洗涤 8.1 盛装提取液的鸡心瓶，过柱，并收集在 15 mL 玻璃试管中，再用二氯甲烷 8 mL洗脱小柱，且收集在同一玻璃试管中，40 ℃氮气吹干，加二氯甲烷-正己烷(1∶1，V/V)1.0 mL，涡旋 1 min 使其完全溶解，供气相色谱仪测定。

8.3 标准曲线的制备

精密量取系列标准工作液适量，供气相色谱测定。以测得峰面积为纵坐标、对应的标准溶液浓度为横坐标，绘制标准曲线。求回归方程和相关系数。

8.4 测定

8.4.1 色谱条件

a) 色谱柱：HP-5MS 石英毛细管柱(30 m×0.32 mm，粒径 0.25 μm)，或相当者；

b) 进样方式：不分流进样；

c) 载气：氮气，纯度 99.999%；

d) 柱流速：1.0 mL/min；

e) 进样口温度 230 ℃，检测器温度 310 ℃；

f) 柱温程序：初始柱温 50 ℃，保持 1 min，以 25 ℃/min 升温至 180 ℃，保持 2 min；

g) 进样量：1.0 μL。

8.4.2 测定法

取试料溶液和相应的标准溶液，作单点或多点校准，按外标法，以峰面积计算。标准溶液及试料溶液中二硫氰基甲烷响应值应在仪器检测的线性范围之内。在上述色谱条件下，标准溶液气相色谱图见附录A。

8.4.3 空白试验

取空白试料，除不加药物外，采用完全相同的测定步骤进行平行操作。

9 结果计算和表述

试样中待测物的残留量按标准曲线或公式(1)计算。

$$X=\frac{C_s \times A \times V}{A_s \times m} \qquad (1)$$

式中：

X——试样中二硫氰基甲烷残留量的数值，单位为微克每千克(μg/kg)；

C_s——标准溶液中二硫氰基甲烷浓度的数值，单位为微克每升(μg/L)；

A——试样溶液中二硫氰基甲烷的色谱峰面积；

A_s——标准溶液中二硫氰基甲烷的色谱峰面积；

V——试样最终定容体积的数值，单位为毫升(mL)；

m——供试试样质量的数值，单位为克(g)。

10 方法灵敏度、准确度和精密度

10.1 灵敏度

本方法的检测限为5 μg/kg，定量限为10 μg/kg。

10.2 准确度

本方法在10 μg/kg～500 μg/kg 添加浓度水平上的回收率为60%～110%。

10.3 精密度

本方法批内相对标准偏差≤20%，批间相对标准偏差≤20%。

附 录 A
（资料性）
二硫氰基甲烷标准溶液气相色谱图

二硫氰基甲烷标准溶液气相色谱图见图 A.1。

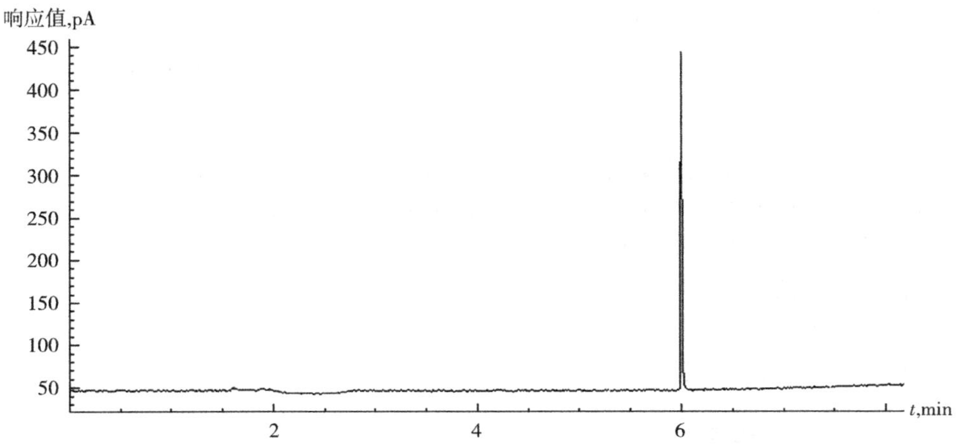

图 A.1 二硫氰基甲烷标准溶液（200 μg/L）气相色谱图

ICS 67.050
CCS X 04

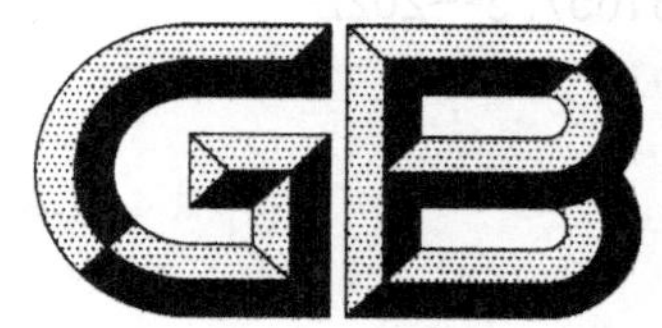

中华人民共和国国家标准

GB 31657.3—2022
代替 GB/T 22942—2008

食品安全国家标准
蜂产品中头孢类药物残留量的测定
液相色谱-串联质谱法

National food safety standard—
Determination of cephalosporins residues in bee products by liquid chromatography-tandem mass spectrometric method

2022-09-20 发布　　　　2023-02-01 实施

中华人民共和国农业农村部
中华人民共和国国家卫生健康委员会　发布
国家市场监督管理总局

前　　言

本文件按照 GB/T 1.1—2020《标准化工作导则　第1部分：标准化文件的结构和起草规则》的规定起草。

本文件代替 GB/T 22942—2008《蜂蜜中头孢唑啉、头孢匹林、头孢氨苄、头孢洛宁和头孢喹肟残留量的测定　液相色谱-串联质谱法》。与 GB/T 22942—2008 相比，除结构调整和编辑性改动外，主要变化如下：

——标准文本格式修改为食品安全国家标准文本格式；

——标准范围中增加了蜂王浆和蜂王浆冻干粉的检测；

——标准范围增加药物品种数量；

——标准灵敏度进一步提高。

本文件及其所代替文件的历次版本发布情况为：

——GB/T 22942—2008。

食品安全国家标准
蜂产品中头孢类药物残留量的测定　液相色谱-串联质谱法

1　范围

本文件规定了蜂蜜、蜂王浆和蜂王浆冻干粉中头孢氨苄、头孢拉定、头孢唑林、头孢哌酮、头孢乙腈、头孢匹林、头孢洛宁、头孢喹肟、头孢噻肟残留量检测的制样和液相色谱-串联质谱测定方法。

本文件适用于蜂蜜、蜂王浆和蜂王浆冻干粉中头孢氨苄、头孢拉定、头孢唑林、头孢哌酮、头孢乙腈、头孢匹林、头孢洛宁、头孢喹肟、头孢噻肟残留量的检测。

2　规范性引用文件

下列文件中的内容通过文中的规范性引用而构成本文件必不可少的条款。其中，注日期的引用文件，仅该日期对应的版本适用于本文件；不注日期的引用文件，其最新版本(包括所有的修改单)适用于本文件。

GB/T 6682　分析实验室用水规格和试验方法

3　术语和定义

本文件没有需要界定的术语和定义。

4　原理

试样中残留的头孢类药物，经磷酸盐缓冲溶液提取，亲水亲脂平衡固相萃取柱净化，液相色谱-串联质谱法测定，基质校准外标法定量。

5　试剂与材料

除另有规定外，所有试剂均为分析纯，水为符合 GB/T 6682 规定的一级水。

5.1　试剂

5.1.1　甲醇(CH_3OH)：色谱纯。

5.1.2　乙腈(CH_3CN)：色谱纯。

5.1.3　甲酸(HCOOH)：色谱纯。

5.1.4　磷酸二氢钾(KH_2PO_4)。

5.1.5　氢氧化钠(NaOH)。

5.2　溶液配制

5.2.1　2.5 mol/L 氢氧化钠溶液：取氢氧化钠 50 g，加水溶解并稀释至 500 mL。

5.2.2　30%乙腈溶液：取乙腈 30 mL，用水稀释至 100 mL。

5.2.3　0.05 mol/L 磷酸盐缓冲溶液(pH=8.5)：取磷酸二氢钾 6.8 g，用水溶解并稀释至 1 000 mL，用 2.5 moL/L 氢氧化钠溶液调节 pH 至 8.5。

5.2.4　0.1%甲酸溶液：取甲酸 1 mL，用水溶解并稀释至 1 000 mL。

5.2.5　0.1%甲酸溶液-甲醇：取 0.1%甲酸溶液 95 mL，加甲醇 5 mL，混匀。

5.3　标准品

头孢氨苄、头孢拉定、头孢唑林、头孢哌酮、头孢乙腈、头孢匹林、去乙酰基头孢匹林、头孢洛宁、头孢喹肟、头孢噻肟，含量均≥95.0%，具体信息见附录 A。

5.4 标准溶液制备

5.4.1 标准储备液：取标准品各 10 mg，精密称定，加 30%乙腈溶液适量使溶解并定容至 25 mL 容量瓶，配制成浓度为 400 μg/mL 的溶液。−18 ℃以下避光保存，有效期 1 个月。

5.4.2 混合标准储备液：分别准确移取各标准储备液 0.25 mL 于 10 mL 容量瓶，用 30%乙腈溶液稀释至刻度，配制成浓度为 10 μg/mL 的混合标准储备液。−18 ℃以下避光保存，有效期 7 d。

5.4.3 混合标准工作液：准确移取混合标准储备液适量，用 0.1%甲酸溶液-甲醇稀释成浓度为 2.5 μg/L、5.0 μg/L、20 μg/L、100 μg/L、200 μg/L 和 500 μg/L 的系列混合标准工作溶液。现配现用。

5.5 材料

5.5.1 固相萃取小柱：亲水亲脂平衡型固相萃取柱，500 mg/6 mL，或相当者。

5.5.2 滤膜：尼龙材质，孔径 0.22 μm 或性能相当者。

6 仪器和设备

6.1 液相色谱-串联质谱仪：配电喷雾离子源。

6.2 分析天平：感量 0.000 01 g 和 0.01 g。

6.3 氮吹仪。

6.4 固相萃取装置。

6.5 涡旋混合器。

6.6 离心机：最大转速 6 000 r/min 或以上。

6.7 离心管：聚丙烯塑料离心管，10 mL、50 mL。

6.8 pH 计。

7 试样的制备与保存

7.1 试样的制备

取适量新鲜或冷藏的空白或供试蜂产品，如无结晶，将其搅拌混合均匀，有结晶，则置于不超过 60 ℃的水浴中温热，振荡，待样品全部融化后搅匀，并冷却至室温。蜂王浆和蜂王浆冻干粉从冷冻环境中取出，搅拌均匀后取样。

a) 取均匀后的供试样品，作为供试试样；

b) 取均匀后的空白样品，作为空白试样；

c) 取均匀后的空白样品，添加适宜浓度的标准工作液，作为空白添加试样。

7.2 试样的保存

−18 ℃以下保存。

8 测定步骤

8.1 提取

8.1.1 蜂蜜

取试料 5 g(准确至±0.05 g)，于 50 mL 离心管中，加 0.05 mol/L 磷酸盐缓冲溶液 25 mL，溶解样品，涡旋混匀后用 2.5 mol/L 氢氧化钠溶液调节 pH 至 8.5，备用。

8.1.2 蜂王浆和蜂王浆冻干粉

取蜂王浆 2.5 g(准确至±0.05 g)或蜂王浆冻干粉 1.0 g(准确至±0.05 g)，于 50 mL 离心管中，加 0.05 mol/L磷酸盐缓冲溶液 25 mL，涡旋混匀后用 2.5 mol/L 氢氧化钠溶液调节 pH 至 8.5，以 6 000 r/min离心 5 min，取上清液，备用。

8.2 净化

取固相萃取柱，依次用甲醇 5 mL、0.05 mol/L 磷酸盐缓冲溶液 10 mL 活化，取备用液，过柱，待液面到达柱床表面时再依次用磷酸盐缓冲溶液 3 mL 和水 2 mL 淋洗，弃去全部流出液。用乙腈 3 mL 洗脱，收集洗脱液于 10 mL 离心管中，洗脱液在 40 ℃水浴中氮气吹干，加 0.1%甲酸溶液-甲醇 1.0 mL 溶解，过 0.22 μm 滤膜，供液相色谱-串联质谱测定。

8.3 基质匹配标准曲线的制备

取空白试料样依次按 8.1 和 8.2 处理，40 ℃水浴氮气吹干，分别加系列混合标准工作溶液 1.0 mL 溶解残渣，过 0.22 μm 滤膜，制备 2.5 μg/L、5.0 μg/L、20 μg/L、100 μg/L、200 μg/L 和 500 μg/L 的系列基质匹配标准工作溶液，供液相色谱-串联质谱测定。以定量离子对峰面积为纵坐标、标准溶液浓度为横坐标，绘制标准曲线。求回归方程和相关系数。

8.4 测定

8.4.1 液相色谱参考条件

a) 色谱柱：C_{18}色谱柱（100 mm×2.1 mm，1.7 μm）或相当者；

b) 流动相：A 为 0.1%甲酸溶液，B 为甲醇，梯度洗脱程序见表 1；

c) 流速：0.3 mL/min；

d) 柱温：35 ℃；

e) 进样量：10 μL。

表 1 流动相梯度洗脱条件

时间，min	A，%	B，%
0	95	5
1.0	95	5
4.5	50	50
6.0	50	50
6.1	95	5
7.5	95	5

8.4.2 质谱参考条件

a) 离子源：电喷雾（ESI）离子源；

b) 扫描方式：正离子扫描；

c) 检测方式：多反应监测（MRM）；

d) 毛细管电压：2 000 V；

e) RF 透镜电压：0.5 V；

f) 离子源温度：150 ℃；

g) 脱溶剂气温度：500 ℃；

h) 锥孔气流速：50 L/h；

i) 脱溶剂气流速：1 000 L/h；

j) 二级碰撞气：氩气；

k) 定性离子对、定量离子对、碰撞能量和锥孔电压见表 2。

表 2 定性离子对、定量子离子对、碰撞能量和锥孔电压

化合物名称	定性离子对（碰撞能量） m/z（eV）	定量离子对（碰撞能量） m/z（eV）	锥孔电压 V
头孢氨苄	348.1/106.0（32） 348.1/158.0（10）	348.1/158.0（10）	26
头孢拉定	350.2/157.9（12） 350.2/176.0（12）	350.2/176.0（12）	24
头孢乙腈	362.0/178.0（14） 362.0/258.0（10）	362.0/258.0（10）	24
头孢唑林	455.0/156.0（16） 455.0/323.0（10）	455.0/323.0（10）	4

表 2（续）

化合物名称	定性离子对（碰撞能量） m/z(eV)	定量离子对（碰撞能量） m/z(eV)	锥孔电压 V
头孢哌酮	646.2/143.0(38) 646.2/530.1(10)	646.2/143.0(38)	28
头孢匹林	424.1/151.9(22) 424.1/292.0(12)	424.1/151.9(22)	28
头孢洛宁	459.1/151.9(18) 459.1/337.0(8)	459.1/151.9(18)	12
头孢喹肟	529.2/134.0(14) 529.2/396.0(12)	529.2/134.0(14)	34
去乙酰基头孢匹林	382.1/111.8(20) 382.1/151.9(26)	382.1/151.9(26)	32
头孢噻肟	456.0/167.0(18) 456.0/396.0(8)	456.0/167.0(18)	22

8.4.3 测定法

取试料溶液和基质匹配标准溶液，作单点或多点校准，按外标法以色谱峰面积定量。基质匹配标准溶液及试料溶液中目标药物的特征离子质量色谱峰峰面积均应在仪器检测的线性范围之内。试料液中待测物质的保留时间与基质匹配标准工作液中待测物质的保留时间之比，偏差在±2.5%以内，且试料溶液中的离子相对丰度与基质匹配标准溶液中的离子相对丰度相比，符合表3的要求，则可判定为样品中存在对应的待测物质。标准溶液多反应监测色谱图见附录B。

表 3　定性确证时相对离子丰度的允许偏差

单位为百分号

相对离子丰度	允许偏差
>50	±20
>20～50	±25
>10～20	±30
≤10	±50

8.5 空白试验

取空白试料，除不加药物外，采用完全相同的测定步骤进行平行操作。

9 结果计算和表述

试样中待测药物的残留量按标准曲线或公式(1)计算。

$$X=\frac{C_s\times A\times V\times 1000}{A_s\times m\times 1000} \qquad (1)$$

式中：

X ——试样中待测药物残留量的数值，单位为微克每千克(μg/kg)；

C_s ——标准溶液中待测药物浓度的数值，单位为微克每升(μg/L)；

A ——试样溶液中待测药物的峰面积；

A_s ——标准溶液中待测药物的峰面积；

V ——定容体积的数值，单位为毫升(mL)；

m ——试样质量的数值，单位为克(g)。

注：头孢匹林残留量以头孢匹林和去乙酰基头孢匹林之和计。

10 检测方法的灵敏度、准确度和精密度

10.1 灵敏度

本方法中头孢哌酮、头孢乙腈和头孢唑林 3 种药物在蜂蜜、蜂王浆和蜂王浆冻干粉中的检测限分别为 2.0 μg/kg、4.0 μg/kg 和 10 μg/kg，定量限分别为 4.0 μg/kg、8.0 μg/kg 和 20 μg/kg；其余头孢类药物和去乙酰基头孢匹林在蜂蜜、蜂王浆和蜂王浆冻干粉中的检测限分别为 0.5 μg/kg、1.0 μg/kg 和 2.5 μg/kg，定量限分别为 1.0 μg/kg、2.0 μg/kg 和 5.0 μg/kg。

10.2 准确度

本方法在 1.0 μg/kg～40 μg/kg 添加浓度水平上的回收率为 60%～120%。

10.3 精密度

本方法的批内相对标准偏差≤15%，批间相对标准偏差≤20%。

附 录 A
（资料性）
头孢类药物和去乙酰基头孢匹林的英文名称、分子式和 CAS 号

头孢类药物和去乙酰基头孢匹林的英文名称、分子式和 CAS 号见表 A.1。

表 A.1 头孢类药物和去乙酰基头孢匹林的英文名称、分子式和 CAS 号

化合物	英文名称	分子式	CAS 号
头孢氨苄	Cefalexin	$C_{16}H_{17}N_3O_4S$	15686-71-2
头孢拉定	Cefradine	$C_{16}H_{19}N_3O_4S$	38821-53-3
头孢乙腈	Cefacetrile	$C_{13}H_{13}N_3O_6S$	10206-21-0
头孢唑林	Cefazolin	$C_{14}H_{14}N_8O_4S_3$	25953-19-9
头孢哌酮	Cefoperazone	$C_{25}H_{27}N_9O_8S_2$	62893-19-0
头孢匹林	Cefapirin	$C_{17}H_{17}N_3O_6S_2$	21593-23-7
头孢洛宁	Cefalonium	$C_{20}H_{18}N_4O_5S_2$	5575-21-3
头孢喹肟	Cefquinome	$C_{23}H_{24}N_6O_5S_2$	84957-30-2
去乙酰基头孢匹林	Desacetyl cefapirin	$C_{15}H_{15}N_3O_5S_2$	38115-21-8
头孢噻肟	Cefotaxime	$C_{16}H_{17}N_5O_7S_2$	63527-52-6

附 录 B
（资料性）
头孢类药物和去乙酰基头孢匹林标准溶液 MRM 色谱图

头孢类药物和去乙酰基头孢匹林标准溶液 MRM 色谱图见图 B.1。

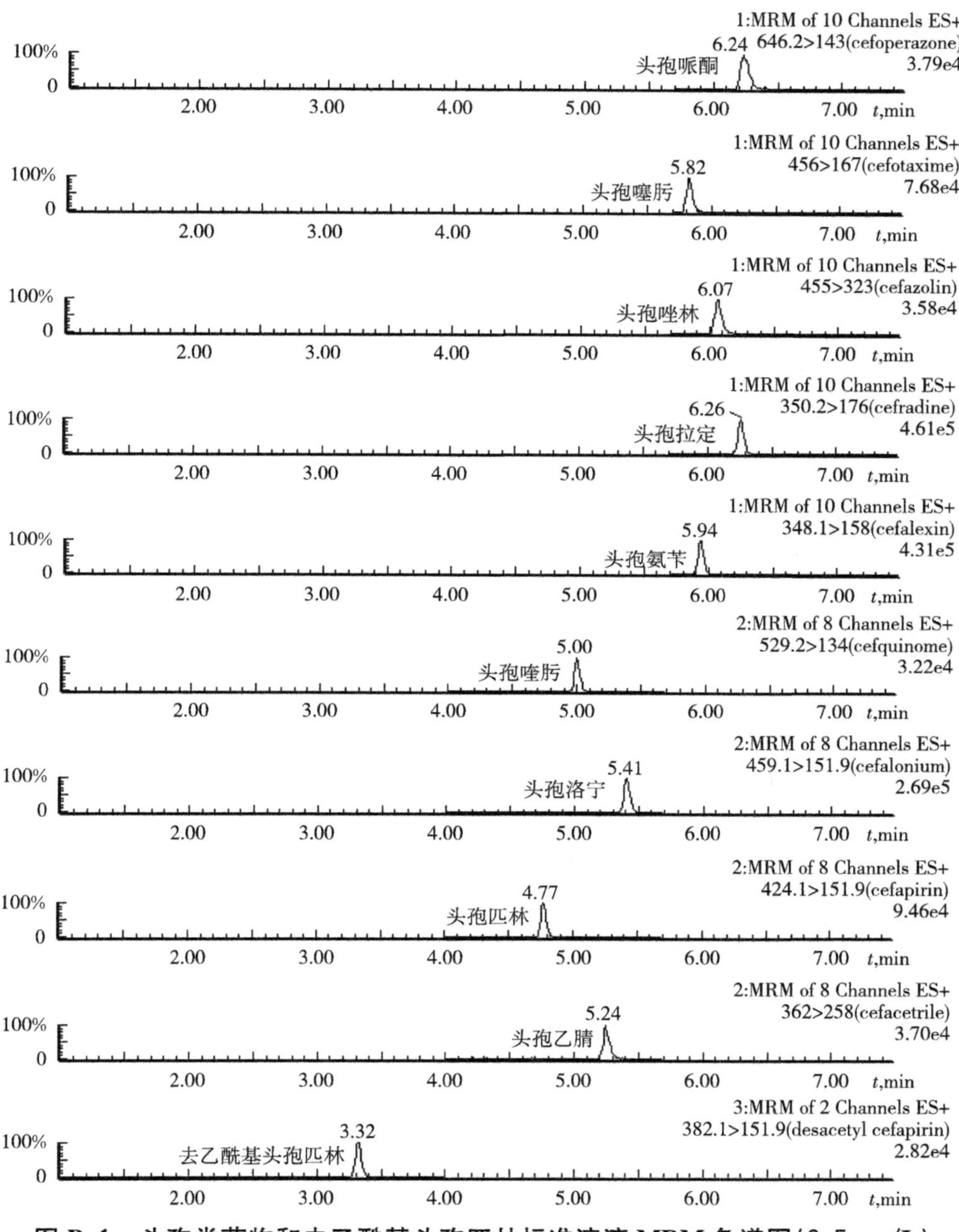

图 B.1 头孢类药物和去乙酰基头孢匹林标准溶液 MRM 色谱图(2.5 μg/L)

ICS 67.050
CCS X 04

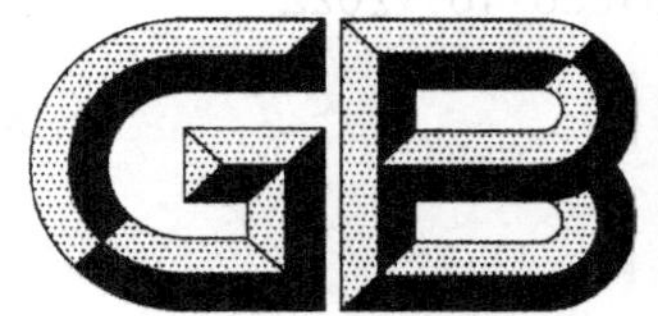

中华人民共和国国家标准

GB 31658.18—2022

食品安全国家标准
动物性食品中三氮脒残留量的测定
高效液相色谱法

National food safety standard—
Determination of diminazene residue in animal derived food
by high performance liquid chromatography method

2022-09-20 发布　　2023-02-01 实施

中华人民共和国农业农村部
中华人民共和国国家卫生健康委员会　发布
国家市场监督管理总局

前　　言

本文件按照 GB/T 1.1—2020《标准化工作导则　第 1 部分：标准化文件的结构和起草规则》的规定起草。

本文件系首次发布。

食品安全国家标准
动物性食品中三氮脒残留量的测定　高效液相色谱法

1　范围

本文件规定了动物性食品中三氮脒残留量检测的制样和高效液相色谱检测方法。

本文件适用于牛、羊的肌肉、肝脏、肾脏组织和牛奶、羊奶中三氮脒残留量的检测。

2　规范性引用文件

下列文件中的内容通过文中的规范性引用而构成本文件必不可少的条款。其中，注日期的引用文件，仅该日期对应的版本适用于本文件；不注日期的引用文件，其最新版本（包括所有的修改单）适用于本文件。

GB/T 6682　分析实验室用水规格和试验方法

3　术语和定义

本文件没有需要界定的术语和定义。

4　原理

试样中残留的三氮脒经乙腈水提取（奶中残留的三氮脒经乙酸乙腈溶液提取），弱阳离子交换固相萃取柱净化，高效液相色谱-紫外法测定，外标法定量。

5　试剂和材料

以下所用的试剂，除特别注明外均为分析纯试剂；水为符合GB/T 6682规定的一级水。

5.1　试剂

5.1.1　甲醇（CH_3OH）：色谱纯。

5.1.2　甲酸（HCOOH）：色谱纯。

5.1.3　甲酸铵（CH_5NO_2）：色谱纯。

5.1.4　氨水（$NH_3 \cdot H_2O$）。

5.1.5　冰乙酸（CH_3COOH）。

5.2　溶液配制

5.2.1　60%乙腈溶液：取乙腈60 mL，加水40 mL，混匀。

5.2.2　0.5%乙酸乙腈溶液：取冰乙酸2.5 mL，用乙腈稀释至500 mL，混匀。

5.2.3　5%氨水溶液：取氨水5 mL，加水95 mL，混匀。

5.2.4　乙酸甲醇溶液（pH 7.0）：取冰乙酸6 mL，加甲醇94 mL，混匀，用氨水调节pH至7.0±0.05。

5.2.5　0.02 mol/L甲酸铵溶液（pH 4.0）：取甲酸铵1.26 g，加水900 mL溶解，用甲酸调节pH至4.0±0.05，加水稀释至1 000 mL。

5.3　标准品

二乙酰胺三氮脒（Diminazene aceturate，$C_{14}H_{15}N_7 \cdot 2C_4H_7NO_3$，CAS号：908-54-3），含量≥91%。

5.4　标准溶液制备

5.4.1　标准储备液：取二乙酰胺三氮脒标准品适量（相当于三氮脒约10 mg），精密称定，加水适量使溶解并稀释定容至10 mL棕色容量瓶，配制成浓度为1 mg/mL的三氮脒标准储备液。4 ℃避光保存，有效期

1个月。

5.4.2 标准工作液:精密量取1 mg/mL标准储备液1 mL,于100 mL棕色容量瓶中,用水稀释至刻度,配制成浓度为10 μg/mL的三氮脒标准工作液。4 ℃避光保存,有效期7 d。

5.5 材料

5.5.1 弱阳离子交换固相萃取柱:60 mg/3 mL,或相当者。

5.5.2 微孔尼龙滤膜:0.22 μm。

6 仪器和设备

6.1 高效液相色谱仪:配紫外检测器或二极管阵列检测器。

6.2 分析天平:感量0.000 01 g和0.01 g。

6.3 pH计。

6.4 涡旋混合器。

6.5 涡旋振荡器。

6.6 高速冷冻离心机:转速≥10 000 r/min。

6.7 固相萃取装置。

7 试样的制备与保存

7.1 试样的制备

7.1.1 组织

取适量新鲜或解冻的空白或供试组织,绞碎,并均质。

a) 取均质的供试样品,作为供试试样;

b) 取均质的空白样品,作为空白试样;

c) 取均质的空白样品,添加适宜浓度的标准溶液,作为空白添加试样。

7.1.2 奶

取适量新鲜或解冻的空白或供试奶样,混合均匀。

a) 取混合均匀的供试样品,作为供试试样;

b) 取混合均匀的空白样品,作为空白试样;

c) 取混合均匀的空白样品,添加适宜浓度的标准溶液,作为空白添加试样。

7.2 试样的保存

−18 ℃以下保存。

8 测定步骤

8.1 提取

8.1.1 组织

取试料2 g(准确至±0.05 g),置50 mL聚丙烯离心管中,加60%乙腈溶液18 mL,涡旋1 min,用冰乙酸调节pH至5.5±0.1,振荡10 min,10 000 r/min离心5 min,取上清液,用60%乙腈溶液稀释至20.0 mL,混匀,取2.0 mL(肌肉样品取10.0 mL),备用。

8.1.2 奶

取试料5 g(准确至±0.05 g),置50 mL聚丙烯离心管中,准确加入0.5%乙酸乙腈溶液10 mL,涡旋1 min,振荡10 min,10 000 r/min离心10 min,移取全部上清液,备用。

8.2 净化

取弱阳离子交换固相萃取柱,依次用甲醇3 mL、水3 mL活化。取备用液过柱,再依次用5%氨水溶液3 mL、甲醇3 mL淋洗,抽干,加乙酸甲醇溶液(pH 7.0) 1.0 mL,洗脱,抽干,收集洗脱液,过微孔尼龙滤膜，供高效液相色谱仪测定。

8.3 标准曲线的制备

精密量取标准工作液适量，用乙酸甲醇溶液(pH 7.0)稀释，配制成浓度为 0.05 μg/mL、0.1 μg/mL、0.2 μg/mL、0.5 μg/mL、1 μg/mL、2 μg/mL、5 μg/mL 的系列标准溶液，过微孔尼龙滤膜，供高效液相色谱仪测定。以三氮脒色谱峰面积为纵坐标、标准溶液浓度为横坐标，绘制标准曲线。求回归方程和相关系数。

8.4 测定

8.4.1 液相色谱参考条件

a) 色谱柱：C_{18}柱(250 mm×4.6 mm，粒径 5 μm)，或相当者；

b) 流动相：A 为 0.02 mol/L 甲酸铵溶液(pH 4.0)；B 为甲醇；

c) 梯度洗脱：洗脱条件见表 1；

d) 柱温：30 ℃；

e) 进样量：20 μL；

f) 检测波长：370 nm。

表 1 流动相梯度洗脱条件

时间，min	流速，mL/min	A，%	B，%
0	1.0	90	10
1.0	1.0	90	10
5.0	1.0	80	20
10.0	1.0	10	90
12.0	1.0	10	90
12.5	1.0	90	10
17.0	1.0	90	10

8.4.2 测定法

取试料溶液和相应的标准溶液，作单点或标准曲线校准，按外标法以峰面积计算。标准工作液及试样溶液中三氮脒响应值应在仪器检测的线性范围之内。试料中三氮脒的保留时间与标准溶液中三氮脒的保留时间相对偏差应在±2.5%以内。标准溶液的色谱图见附录 A。

8.5 空白试验

取空白试料，除不加药物外，采用完全相同的测定步骤进行测定。

9 结果计算和表述

试样中待测物含量以质量分数 X 表示，单位为毫克每千克(mg/kg)，按公式(1)计算。

$$X=\frac{C_s \times A \times V \times V_1}{A_s \times m \times V_2} \qquad (1)$$

式中：

X ——试样中三氮脒残留量的数值，单位为毫克每千克(mg /kg)；

A ——试样中三氮脒的峰面积；

A_s——标准溶液中三氮脒的峰面积；

C_s——标准溶液中三氮脒浓度的数值，单位为微克每毫升(μg/mL)；

V ——洗脱液体积的数值，单位为毫升(mL)；

V_1——提取液定容后体积的数值，单位为毫升(mL)；

V_2——过固相萃取柱的备用液体积的数值，单位为毫升(mL)；

m ——供试试样质量的数值，单位为克(g)。

10 检测方法灵敏度、准确度和精密度

10.1 灵敏度

本方法在牛肉和羊肉中的检测限为 0.05 mg/kg，定量限为 0.1 mg/kg，在牛肝、牛肾、羊肝和羊肾中的检测限为 0.2 mg/kg，定量限为 0.5 mg/kg，在牛奶和羊奶中的检测限为 0.01 mg/kg，定量限为 0.02 mg/kg。

10.2 准确度

本方法在牛肉和羊肉 0.1 mg/kg～1 mg/kg、牛肝和羊肝 0.5 mg/kg～24 mg/kg、牛肾和羊肾 0.5 mg/kg～12 mg/kg、牛奶和羊奶 0.02 mg/kg～0.3 mg/kg 添加浓度水平上的回收率为 60%～110%。

10.3 精密度

本方法批内相对标准偏差≤10%，批间相对标准偏差≤10%。

附 录 A
（资料性）
三氮脒标准溶液的色谱图

三氮脒标准溶液的色谱图（100 ng/mL）见图 A.1。

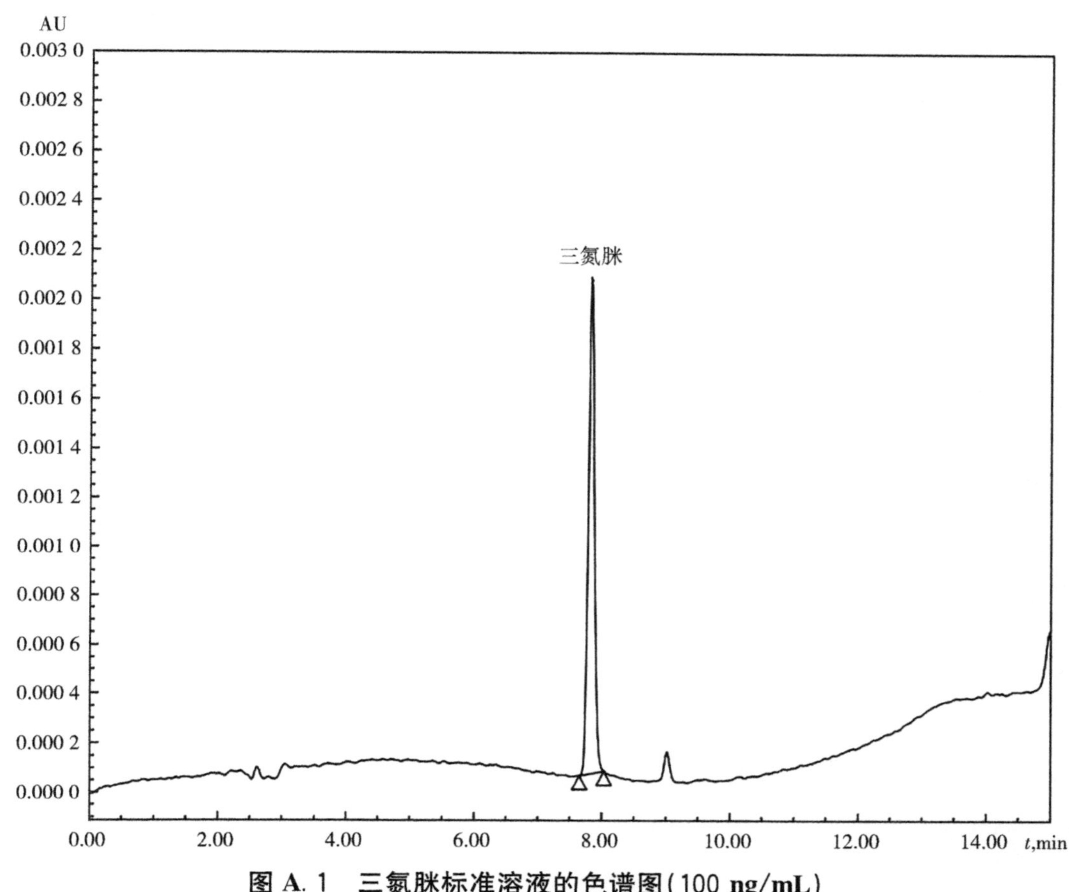

图 A.1 三氮脒标准溶液的色谱图（100 ng/mL）

ICS 67.050
CCS X 04

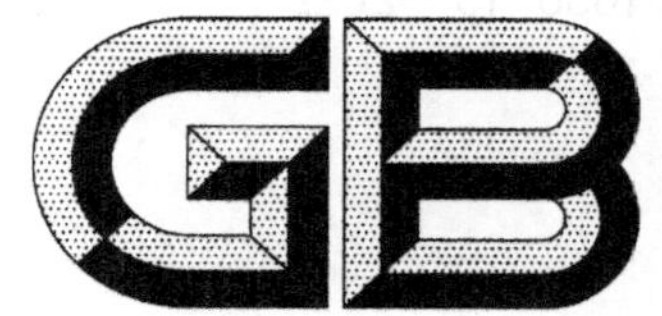

中华人民共和国国家标准

GB 31658.19—2022

食品安全国家标准
动物性食品中阿托品、东莨菪碱、山莨菪碱、利多卡因、普鲁卡因残留量的测定
液相色谱-串联质谱法

National food safety standard—
Determination of atropine, scopolamine, anisodamine, lidocaine, procaine residues in animal derived food—Liquid chromatography-tandem mass spectrometric method

2022-09-20 发布　　2023-02-01 实施

中华人民共和国农业农村部
中华人民共和国国家卫生健康委员会　发布
国家市场监督管理总局

前　言

本文件按照GB/T 1.1—2020《标准化工作导则　第1部分:标准化文件的结构和起草规则》的规定起草。

本文件系首次发布。

食品安全国家标准
动物性食品中阿托品、东莨菪碱、山莨菪碱、利多卡因、普鲁卡因残留量的测定　液相色谱-串联质谱法

1　范围

本文件规定了动物性食品中阿托品、东莨菪碱、山莨菪碱、利多卡因、普鲁卡因残留量检测的制样和液相色谱-串联质谱检测方法。

本文件适用于猪、牛、羊的肌肉、肝脏、肾脏和脂肪中阿托品、东莨菪碱、山莨菪碱、利多卡因、普鲁卡因单个或多个药物残留量的测定。

2　规范性引用文件

下列文件中的内容通过文中的规范性引用而构成本文件必不可少的条款。其中，注日期的引用文件，仅该日期对应的版本适用于本文件；不注日期的引用文件，其最新版本(包括所有的修改单)适用于本文件。

GB/T 6682　分析实验室用水规格和试验方法

3　术语和定义

本文件没有需要界定的术语和定义。

4　原理

试样中残留的待测物经磷酸盐缓冲液提取，PEP-2 固相萃取柱净化，液相色谱-串联质谱测定，外标法定量。

5　试剂和材料

除另有规定外，所有试剂均为分析纯，水为符合 GB/T 6682 规定的一级水。

5.1　试剂

5.1.1　甲醇(CH_3OH)：色谱纯。

5.1.2　乙腈(CH_3CN)：色谱纯。

5.1.3　甲酸(HCOOH)：色谱纯。

5.1.4　磷酸二氢钾(KH_2PO_4)。

5.1.5　磷酸氢二钾($K_2HPO_4 \cdot 3H_2O$)。

5.1.6　磷酸(H_3PO_4)。

5.2　溶液配制

5.2.1　0.1 mol/L 磷酸二氢钾缓冲液：取磷酸二氢钾 13.6 g，加水 900 mL 使溶解，用磷酸调节 pH 至 4.0±0.05，用水稀释至 1 000 mL，混匀。

5.2.2　0.2 mol/L 磷酸氢二钾溶液：取磷酸氢二钾 22.8 g，加水溶解并稀释至 500 mL，混匀。

5.2.3　5%甲醇溶液：取甲醇 5 mL，加水稀释至 100 mL，混匀。

5.2.4　30%乙腈溶液：取乙腈 30 mL，加水稀释至 100 mL，混匀。

5.2.5　0.1%甲酸溶液：取甲酸 0.5 mL，加水稀释至 500 mL，混匀。

5.3　标准品

阿托品(Atropine,$C_{17}H_{23}NO_3$,CAS 号:51-55-8)、东莨菪碱(Scopolamine,$C_{17}H_{21}NO_4$,CAS 号:51-34-3)、山莨菪碱(Anisodamine,$C_{17}H_{23}NO_4$,CAS 号:55869-99-3)、利多卡因(Lidocaine $C_{14}H_{22}N_2O$,CAS 号:137-58-6)、普鲁卡因(Procaine,$C_{13}H_{20}N_2O_2$,CAS 号:59-46-1),含量均≥99%。标准品也可为相应的盐。

5.4 标准溶液配制

5.4.1 标准储备液:取阿托品、东莨菪碱、山莨菪碱、利多卡因、普鲁卡因标准品各适量(相当于各活性成分约 10 mg),精密称定,加甲醇适量使溶解并稀释定容至 10 mL 容量瓶,配制成浓度为 1 mg/mL 的标准储备液。−18 ℃避光保存,有效期 6 个月。

5.4.2 混合标准中间液:准确量取标准储备液各 1 mL,于 100 mL 容量瓶中,用甲醇稀释至刻度,配制成浓度为 10 μg/mL 的混合标准工作液。−18 ℃避光保存,有效期 1 个月。

5.4.3 系列标准工作液:准确量取混合标准中间液适量,用 30%乙腈溶液稀释,配制成浓度分别为 1 ng/mL、2 ng/mL、5 ng/mL、10 ng/mL、20 ng/mL、50 ng/mL 和 100 ng/mL 的系列标准溶液。现配现用。

5.5 材料

5.5.1 PEP-2 固相萃取柱[1]:填料为官能化聚苯乙烯/二乙烯苯,60 mg/3 mL,或相当者。

5.5.2 微孔尼龙滤膜:0.22 μm。

6 仪器和设备

6.1 液相色谱-串联质谱仪:配电喷雾离子源。

6.2 分析天平:感量 0.01 g 和 0.000 01 g。

6.3 涡旋混合器。

6.4 涡旋振荡器。

6.5 高速冷冻离心机:转速可达 10 000 r/min。

6.6 固相萃取装置。

6.7 组织匀浆机。

6.8 pH 计。

7 试料的制备与保存

7.1 试料的制备

取适量新鲜或解冻的空白或供试组织,绞碎,并使均质。

a) 取均质后的供试样品,作为供试试料;

b) 取均质后的空白样品,作为空白试料;

c) 取均质后的空白样品,添加适宜浓度的标准溶液,作为空白添加试料。

7.2 试料的保存

−18 ℃以下保存。

8 测定步骤

8.1 提取

取试料 2 g(准确至±0.05 g)于 50 mL 离心管中,准确加入 0.1 mol/L 磷酸二氢钾缓冲液 20 mL(脂肪样品在 60 ℃水浴加热 10 min),涡旋 1 min,振荡 10 min,4 ℃下 10 000 r/min 离心 10 min。准确移取 10 mL 上清液至另一离心管中,加入 0.2 mol/L 磷酸氢二钾溶液 5 mL,混匀后备用。若溶液浑浊,10 000 r/min离心 10 min,取上清液备用。

---

1) 此处列出 PEP-2 固相萃取柱仅是为了提供参考,并不涉及商业目的,鼓励标准使用者尝试采用不同厂家或型号的固相萃取柱。

8.2　净化

PEP-2 固相萃取柱分别用甲醇 3 mL、水 3 mL 活化，移取全部备用液，过柱，用水 3 mL、5%甲醇溶液 3 mL 淋洗，抽干，准确移取 30%乙腈溶液 2 mL 洗脱，抽干，收集洗脱液，过微孔尼龙滤膜，供液相色谱-串联质谱测定。

8.3　基质匹配标准曲线的制备

准确移取系列标准工作液各 100 μL，用经 8.1～8.2 步骤处理后的空白试样洗脱液稀释至 1 mL，配制成浓度为 0.1 ng/mL、0.2 ng/mL、0.5 ng/mL、1 ng/mL、2 ng/mL、5 ng/mL 和 10 ng/mL 的系列基质匹配标准溶液，过微孔尼龙滤膜后，供液相色谱-串联质谱测定。以各药物特征离子质量色谱峰面积为纵坐标、基质匹配标准溶液浓度为横坐标，绘制基质匹配标准曲线，求回归方程和相关系数。

8.4　测定

8.4.1　液相色谱参考条件

a)　色谱柱：C_{18} 色谱柱（100 mm×2.1 mm，1.7 μm），或相当者；

b)　柱温：35 ℃；

c)　进样量：2 μL；

d)　流速：0.3 mL/min；

e)　流动相：A 为 0.1%甲酸溶液；B 为甲醇。梯度洗脱程序见表 1。

表 1　流动相梯度洗脱程序

时间 min	A %	B %
0	90	10
0.5	90	10
3.0	5	95
3.9	5	95
4.0	90	10
6.0	90	10

8.4.2　质谱参考条件

a)　离子源：电喷雾离子源；

b)　扫描方式：正离子扫描；

c)　检测方式：多反应监测；

d)　喷雾电压：1.0 kV；

e)　鞘气：30 Arb；

f)　辅助气：5 Arb；

g)　离子迁移管温度：325 ℃；

h)　雾化温度：300 ℃；

i)　待测药物的保留时间、定性离子对、定量离子对、锥孔电压和碰撞能量的参考值见表 2。

表 2　待测药物的保留时间、定性离子对、定量离子对、锥孔电压和碰撞能量的参考值

药物	保留时间 min	定性离子对 m/z	定量离子对 m/z	锥孔电压 V	碰撞能量 eV
阿托品	2.97	290.3>124.2	290.3>124.2	89	24
		290.3>93.2			29
东莨菪碱	2.70	304.2>138.2	304.2>138.2	77	22
		304.2>156.2			17
山莨菪碱	3.07	306.2>140.2	306.2>140.2	94	24
		306.2>122.2			28
利多卡因	2.24	235.2>86.2	235.2>86.2	63	18
		235.2>58.2			31

表 2（续）

药物	保留时间 min	定性离子对 *m/z*	定量离子对 *m/z*	锥孔电压 V	碰撞能量 eV
普鲁卡因	2.80	237.2>100.2	237.2>100.2	58	16
		237.2>164.1			17

8.4.3 测定法

8.4.3.1 定性测定

在同样测试条件下，试料溶液中待测物药物峰的保留时间与基质匹配标准溶液相应峰的保留时间相对偏差在±2.5％以内，且检测到的相对离子丰度，应当与浓度相当的基质匹配标准溶液相对离子丰度一致。其允许偏差应符合表 3 的要求。

表 3　定性确证时相对离子丰度的最大允许偏差

单位为百分号

相对离子丰度	允许偏差
>50	±20
>20～50	±25
>10～20	±30
≤10	±50

8.4.3.2 定量测定

取试料溶液和相应的基质匹配标准溶液，作单点或多点校准，按外标法以色谱峰面积定量。基质匹配标准工作液及试样溶液中待测物响应值均应在仪器检测的线性范围内。在上述色谱-质谱条件下，基质匹配标准溶液的特征离子质量色谱图见附录 A。

8.5 空白试验

取空白试料，除不加药物外，采用相同的测定步骤进行测定。

9 结果计算和表述

试样中待测物残留量按标准曲线或公式(1)计算。

$$X = \frac{C_s \times A \times V \times V_2}{A_s \times m \times V_1} \quad \cdots\cdots(1)$$

式中：

X ——试样中待测物残留量的数值，单位为微克每千克(μg/kg)；

C_s ——基质标准溶液中待测物浓度的数值，单位为纳克每毫升(ng/mL)；

A ——试样溶液中待测物的峰面积；

A_s ——基质标准溶液中待测物的峰面积；

V ——洗脱液体积的数值，单位为毫升(mL)；

V_1 ——净化用提取液体积的数值，单位为毫升(mL)；

V_2 ——试样提取液总体积的数值，单位为毫升(mL)；

m ——试样质量的数值，单位为克(g)。

10 检测方法灵敏度、准确度和精密度

10.1 灵敏度

本方法在猪、牛、羊的肌肉和脂肪组织中的检测限为 0.2 μg/kg，定量限为 0.5μg/kg；在猪、牛、羊的肾脏和肝脏组织中的检测限为 0.5 μg/kg，定量限为 1.0 μg/kg。

10.2 准确度

本方法在猪、牛、羊的肌肉和脂肪组织 0.5 μg/kg～5 μg/kg 添加浓度水平上的回收率为 60％～

120%;在猪、牛、羊的肾脏和肝脏组织 1.0 μg/kg～10 μg/kg 添加浓度水平上的回收率为 60%～120%。

10.3 精密度

本方法批内相对标准偏差≤15%,批间相对标准偏差≤15%。

附 录 A
(资料性)
猪肝基质匹配标准溶液特征离子色谱图

猪肝基质匹配标准溶液特征离子质量色谱图见图 A.1。

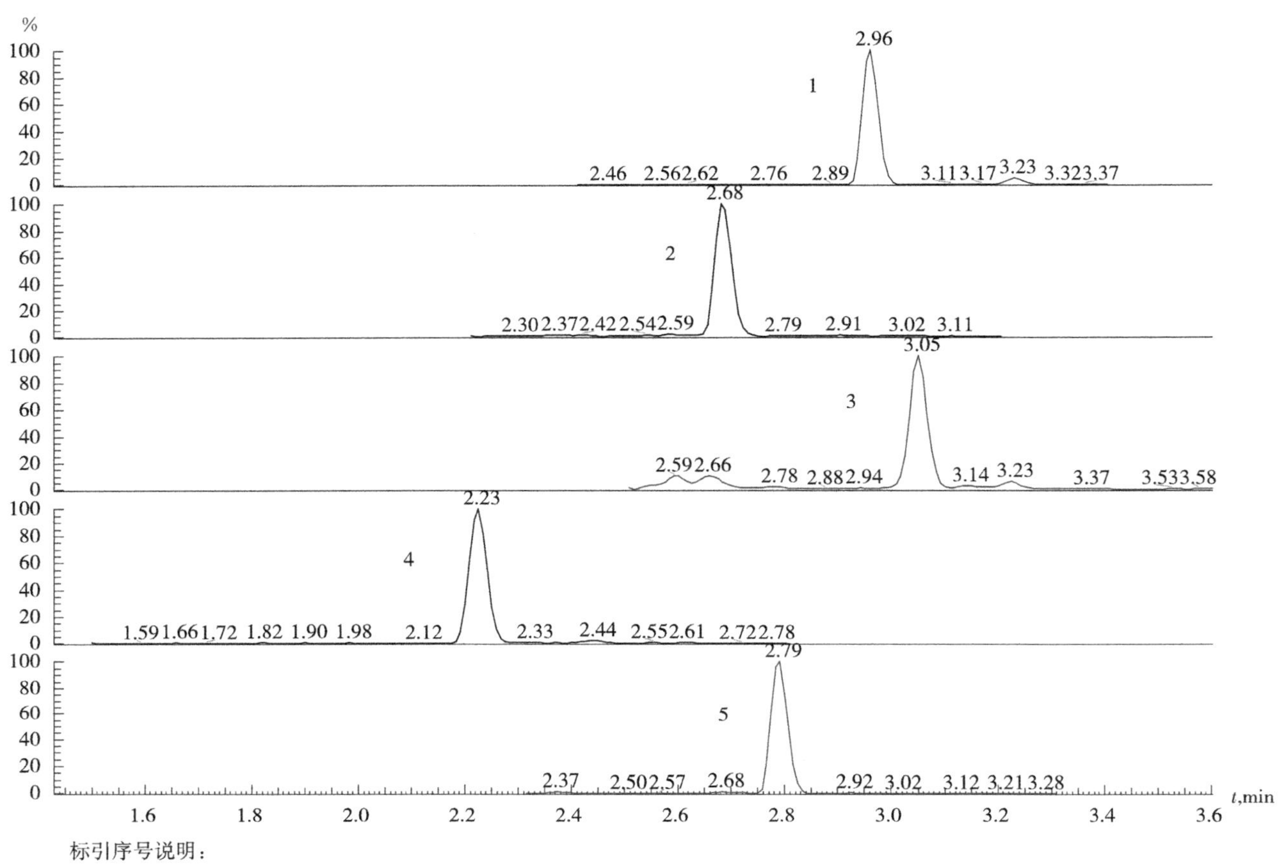

标引序号说明：

1——阿托品特征离子质量色谱图(290.27>124.15)；

2——东莨菪碱特征离子质量色谱图(304.24>138.17)；

3——利多卡因特征离子质量色谱图(235.24>86.15)；

4——普鲁卡因特征离子质量色谱图(237.18>100.22)；

5——山莨菪碱特征离子质量色谱图(306.24>140.15)。

图 A.1 猪肝基质匹配标准溶液特征离子质量色谱图(0.5 ng/mL)

ICS 67.050
CCS X 04

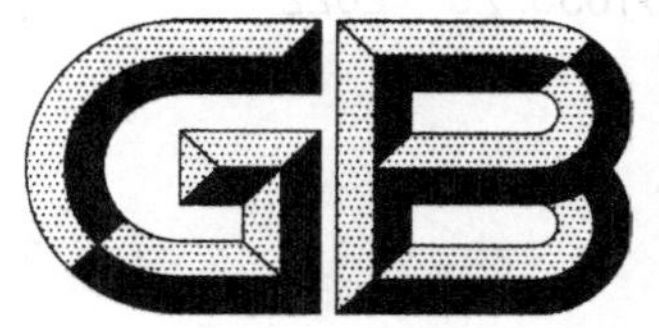

中华人民共和国国家标准

GB 31658.20—2022

食品安全国家标准
动物性食品中酰胺醇类药物及其代谢物残留量的测定　液相色谱-串联质谱法

National food safety standard—
Determination of amphenicols and metabolite residues in animal derived food by liquid chromatography-tandem mass spectrometry method

2022-09-20 发布　　　　2023-02-01 实施

中华人民共和国农业农村部
中华人民共和国国家卫生健康委员会　发布
国家市场监督管理总局

前　言

本文件按照 GB/T 1.1—2020《标准化工作导则　第 1 部分:标准化文件的结构和起草规则》的规定起草。

本文件系首次发布。

食品安全国家标准
动物性食品中酰胺醇类药物及其代谢物残留量的测定
液相色谱-串联质谱法

1 范围

本文件规定了动物性食品中酰胺醇类药物及其代谢物残留量检测的制样和液相色谱-串联质谱测定方法。

本文件适用于猪、鸡、牛、羊的肌肉、肝脏、肾脏、脂肪组织，以及鸡蛋、牛奶、羊奶中氯霉素、甲砜霉素、氟苯尼考和氟苯尼考胺残留量的测定。

2 规范性引用文件

下列文件中的内容通过文中的规范性引用而构成本文件必不可少的条款。其中，注日期的引用文件，仅该日期对应的版本适用于本文件；不注日期的引用文件，其最新版本（包括所有的修改单）适用于本文件。

GB/T 6682 分析实验室用水规格和试验方法

3 术语和定义

本文件没有需要界定的术语和定义。

4 原理

试样中残留的氯霉素、甲砜霉素、氟苯尼考和氟苯尼考胺用2%氨化乙酸乙酯溶液提取，正己烷脱脂，氨化乙酸乙酯反萃取，液相色谱-串联质谱法测定，内标法定量。

5 试剂和材料

除另有规定外，所有试剂均为分析纯，水为符合GB/T 6682规定的一级水。

5.1 试剂

5.1.1 甲醇（CH_3OH）：色谱纯。

5.1.2 乙腈（CH_3CN）：色谱纯。

5.1.3 氨水（$NH_3 \cdot H_2O$）。

5.1.4 乙酸乙酯（$C_4H_8O_2$）。

5.1.5 无水硫酸钠（Na_2SO_4）。

5.1.6 氯化钠（NaCl）。

5.1.7 甲酸铵（$HCOONH_4$）。

5.1.8 正己烷（C_6H_{14}）。

5.2 溶液配制

5.2.1 2%氨化乙酸乙酯溶液：取氨水20 mL，用乙酸乙酯稀释至1 000 mL。

5.2.2 4%氯化钠溶液：取氯化钠4 g，用水溶解并稀释至100 mL。

5.2.3 4%氯化钠饱和的正己烷：取4%氯化钠溶液适量，加入过量的正己烷，混合，静置分层，取上层正己烷。

5.2.4 20%甲醇溶液：取甲醇20 mL，用水稀释至100 mL。

5.2.5 10 mmol/L 甲酸铵溶液：取甲酸铵 0.63 g，用水溶解并稀释至 1 000 mL。

5.3 标准品

氯霉素、甲砜霉素、氟苯尼考、氟苯尼考胺，含量均≥99%，氯霉素-D_5、甲砜霉素-D_3、氟苯尼考-D_3、氟苯尼考胺-D_3内标，含量均≥98%，具体见附录 A。

5.4 标准溶液制备

5.4.1 标准储备液：取氯霉素、甲砜霉素、氟苯尼考、氟苯尼考胺标准品各适量(相当于各活性成分约 10 mg)，精密称定，分别加甲醇适量使溶解并稀释定容至 100 mL 容量瓶中，配制成浓度为 100 μg/mL 的标准储备液。−18 ℃以下保存，有效期 12 个月。

5.4.2 内标储备液：取氯霉素-D_5、甲砜霉素-D_3、氟苯尼考-D_3、氟苯尼考胺-D_3内标各适量(相当于各活性成分约 1 mg)，精密称定，分别加甲醇适量使溶解并稀释定容至 10 mL 容量瓶中，配制成浓度为 100 μg/mL的内标储备液。−18 ℃以下保存，有效期 12 个月。

5.4.3 混合标准中间液：分别精密量取氯霉素标准储备液 0.1 mL，甲砜霉素、氟苯尼考、氟苯尼考胺标准储备液各 0.5 mL，于 10 mL 容量瓶中，用甲醇稀释至刻度，配制成氯霉素浓度为 1 μg/mL，甲砜霉素、氟苯尼考、氟苯尼考胺浓度为 5 μg/mL 混合标准中间液。−18 ℃以下保存，有效期 3 个月。

5.4.4 混合内标中间液：分别精密量取氯霉素-D_5内标储备液 0.1 mL，甲砜霉素-D_3、氟苯尼考-D_3、氟苯尼考胺-D_3内标储备液各 0.5 mL，于 10 mL 容量瓶中，用甲醇稀释至刻度，配制成氯霉素-D_5浓度为 1 μg/mL，甲砜霉素-D_3、氟苯尼考-D_3、氟苯尼考胺-D_3浓度为 5 μg/mL 混合内标中间液。−18 ℃以下保存，有效期 3 个月。

5.4.5 混合内标工作液：取混合内标中间液，用 20%甲醇溶液稀释成氯霉素-D_5浓度为 10 ng/mL，甲砜霉素-D_3、氟苯尼考-D_3、氟苯尼考胺-D_3浓度为 50 ng/mL 混合内标工作液，现配现用。

5.5 材料

尼龙微孔滤膜：0.22 μm。

6 仪器和设备

6.1 液相色谱-串联质谱仪：配电喷雾离子源(ESI)。

6.2 天平：感量 0.000 01 g 和 0.01 g。

6.3 均质机。

6.4 涡旋混合器。

6.5 多管涡旋振荡器。

6.6 高速冷冻离心机：转速可达 8 000 r/min。

6.7 氮吹仪。

7 试样的制备与保存

7.1 试样的制备

7.1.1 肌肉、肝脏、肾脏和脂肪组织

取适量新鲜或解冻的空白或供试组织，绞碎，并均质。

a) 取均质后的供试样品，作为供试试样；

b) 取均质后的空白样品，作为空白试样；

c) 取均质后的空白样品，添加适宜浓度的标准工作液，作为空白添加试样。

7.1.2 奶

取适量新鲜或解冻的空白或供试牛奶或羊奶，混合均匀。

a) 取混合均匀后的供试样品，作为供试试样；

b) 取混合均匀后的空白样品，作为空白试样；

c) 取均质后的空白样品，添加适宜浓度的标准工作液，作为空白添加试样。

7.1.3 鸡蛋

取适量新鲜或冷藏的空白或供试鸡蛋，去壳，并均质。

a) 取均质后的供试样品，作为供试试样；

b) 取均质后的空白样品，作为空白试样；

c) 取均质后的空白样品，添加适宜浓度的标准工作液，作为空白添加试样。

7.2 试样的保存

−18 ℃以下保存。

8 测定步骤

8.1 提取

取试料 2 g(准确至±0.05 g)，置于 50 mL 离心管中，加混合内标工作液 100 μL，涡旋混匀，再加 2%氨化乙酸乙酯溶液 10 mL(牛奶、羊奶样品需另加无水硫酸钠 3 g)，涡旋 30 s，涡旋振荡 10 min，8 000 r/min离心 5 min。上清液转入另一 50 mL 离心管中，残渣中加 2%氨化乙酸乙酯溶液 10 mL，重复提取 1 次。合并 2 次提取液，于 50 ℃氮气吹干，待净化。

8.2 净化

取待净化残渣，加 4%氯化钠溶液 3 mL，涡旋使溶解，再加 4%氯化钠饱和的正己烷 5 mL，涡旋 30 s，8 000 r/min 离心 5 min，弃去上层正己烷层，用 4%氯化钠饱和的正己烷重复脱脂 1 次。加 2%氨化乙酸乙酯溶液 5 mL，涡旋振荡 5 min，8 000 r/min 离心 5 min，取上层有机相。用 2%氨化乙酸乙酯溶液 5 mL 重复萃取 1 次，合并有机相，50 ℃氮气吹干，加 20%甲醇溶液 1.0 mL，涡旋 30 s，过 0.22 μm 滤膜，供液相色谱-串联质谱仪测定。

8.3 标准曲线的制备

精密量取混合标准中间液和混合内标工作液适量，用 20%甲醇溶液稀释，配制成氯霉素浓度分别为 0.2 μg/L、0.5 μg/L、1 μg/L、2 μg/L、5 μg/L、10 μg/L，甲砜霉素、氟苯尼考、氟苯尼考胺浓度分别为 1 μg/L、2.5 μg/L、5 μg/L、10 μg/L、25 μg/L、50 μg/L，氯霉素-D_5浓度均为 1 μg/L，甲砜霉素-D_3、氟苯尼考-D_3、氟苯尼考胺-D_3浓度均为 5 μg/L 的系列标准溶液，临用现配，供液相色谱-串联质谱仪测定。以定量离子峰面积比为纵坐标、浓度为横坐标绘制标准曲线，求回归方程和相关系数。

8.4 测定

8.4.1 液相色谱参考条件

a) 色谱柱：C_{18}色谱柱(100 mm×2.1 mm，1.7 μm)，或相当者；

b) 柱温：30 ℃；

c) 进样量：5 μL；

d) 流速：0.3 mL/min；

e) 流动相：A 为 10 mmol/L 甲酸铵溶液；B 为乙腈；梯度洗脱程序见表 1。

表 1 梯度洗脱程序

时间，min	10 mmol/L 甲酸铵溶液，%	乙腈，%
0	98	2
0.5	98	2
3.5	40	60
4	98	2
5	98	2

8.4.2 质谱参考条件

a) 离子源：电喷雾离子源；

b) 扫描方式：正离子扫描/负离子扫描；

c） 检测方式：多反应离子监测（MRM）；

d） 脱溶剂气、锥孔气、碰撞气均为高纯氮气或其他合适气体；

e） 喷雾电压、碰撞能等参数应优化至最优灵敏度；

f） 待测物离子源、定性离子对、定量离子对、锥孔电压和碰撞能量参考值见表2。

表2 待测物离子源、定性离子对、定量离子对、锥孔电压和碰撞能量参考值

药物	离子源	定性离子对 m/z	定量离子对 m/z	锥孔电压 V	碰撞能量 eV
氯霉素	ESI−	321.1>151.9	321.1>151.9	48	18
		321.1>257.0			10
甲砜霉素	ESI−	354.1>185.0	354.1>185.0	48	20
		354.1>290.0			12
氟苯尼考	ESI−	356.1>185.0	356.1>336.0	50	18
		356.1>336.0			8
氟苯尼考胺	ESI+	248.2>130.3	248.2>230.1	26	20
		248.2>230.1			10
氯霉素-D_5	ESI−	326.1>156.9	326.1>156.9	46	18
甲砜霉素-D_3	ESI−	357.2>293.0	357.2>293.0	48	10
氟苯尼考-D_3	ESI−	359.2>339.0	359.2>339.0	22	6
氟苯尼考胺-D_3	ESI+	251.2>233.1	251.2>233.1	18	12

8.4.3 测定法

8.4.3.1 定性测定

在同样测试条件下，试料溶液中酰胺醇类药物及其代谢物的保留时间与标准工作液中酰胺醇类药物及其代谢物的保留时间相对偏差在±2.5%以内，且检测到的相对离子丰度，应当与浓度相当的校正标准溶液相对离子丰度一致。其允许偏差应符合表3的要求。

表3 定性确证时相对离子丰度的允许偏差

单位为百分号

相对离子丰度	允许偏差
>50	±20
20～50	±25
10～20	±30
≤10	±50

8.4.3.2 定量测定

取试料溶液和相应的标准溶液，作单点或多点校准，按内标法以色谱峰面积比定量。标准溶液及试样溶液中酰胺醇类药物及其代谢物与其相应内标峰面积比均应在仪器检测的线性范围内。对于残留量超出仪器线性范围的，在提取时根据药物浓度相应增加内标工作液的添加量，使试样溶液稀释后酰胺醇类药物及其代谢物的浓度在曲线范围之内，对应内标浓度与标准工作液一致。标准溶液特征离子质量色谱图见附录B。

8.5 空白试验

取空白试料，除不加药物外，采用完全相同的测定步骤进行测定。

9 结果计算和表述

试样中酰胺醇类药物及其代谢物的残留量按标准曲线或公式（1）计算。

$$X = \frac{C_s \times C_{is} \times A_i \times A'_{is} \times V}{C'_{is} \times A_s \times A_{is} \times m} \quad \cdots\cdots (1)$$

式中：

X ——试样中酰胺醇类药物及其代谢物残留量的数值，单位为微克每千克（μg/kg）；

C_{is} ——试样溶液中酰胺醇类药物及其代谢物内标浓度的数值，单位为微克每升（μg/L）；
C_s ——标准溶液中酰胺醇类药物及其代谢物浓度的数值，单位为微克每升（μg/L）；
C'_{is} ——标准溶液中酰胺醇类药物及其代谢物内标浓度的数值，单位为微克每升（μg/L）；
A_i ——试样溶液中酰胺醇类药物及其代谢物的峰面积；
A_{is} ——试样溶液中酰胺醇类药物及其代谢物内标的峰面积；
A_s ——标准溶液中酰胺醇类药物及其代谢物的峰面积；
A'_{is} ——标准溶液中酰胺醇类药物及其代谢物内标的峰面积；
V ——溶解残渣的 20%甲醇溶液体积的数值，单位为毫升（mL）；
m ——试样质量的数值，单位为克（g）。

10 方法灵敏度、准确度和精密度

10.1 灵敏度

本方法氯霉素的检测限为 0.1 μg/kg，定量限为 0.2 μg/kg；甲砜霉素、氟苯尼考、氟苯尼考胺的检测限为 0.5 μg/kg，定量限为 1 μg/kg。

10.2 准确度

本方法氯霉素在 0.2 μg/kg～1 μg/kg 添加浓度水平，甲砜霉素在 1 μg/kg～100 μg/kg 添加浓度水平，氟苯尼考、氟苯尼考胺在 1 μg/kg～6 000 μg/kg 添加浓度水平上的回收率均为 70%～120%。

10.3 精密度

本方法批内相对标准偏差≤15%，批间相对标准偏差≤20%。

附 录 A
（资料性）
酰胺醇类药物及其代谢物标准品和内标物中英文通用名称、化学分子式和 CAS 号

酰胺醇类药物及其代谢物标准品和内标物中英文通用名称、化学分子式和 CAS 号见表 A.1。

表 A.1 酰胺醇类药物及其代谢物标准品和内标物中英文通用名称、化学分子式和 CAS 号

中文通用名称	英文通用名称	化学分子式	CAS 号
氯霉素	Chloramphenicol	$C_{11}H_{12}Cl_2N_2O_5$	56-75-7
甲砜霉素	Thiamphenicol	$C_{12}H_{15}Cl_2NO_5S$	15318-45-3
氟苯尼考	Florfenicol	$C_{12}H_{14}Cl_2FNO_4S$	73231-34-2
氟苯尼考胺	Florfenicol amine	$C_{10}H_{14}FNO_3S$	76639-93-5
氯霉素-D_5内标	Chloramphenicol-D_5	$C_{11}H_7D_5Cl_2N_2O_5$	202480-68-0
甲砜霉素-D_3内标	Thiamphenicol-D_3	$C_{12}H_{12}D_3Cl_2NO_5S$	1217723-41-5
氟苯尼考-D_3内标	Florfenicol-D_3	$C_{12}H_{11}D_3Cl_2FNO_4S$	2213400-85-0
氟苯尼考胺-D_3内标	Florfenicol-D_3 Amine	$C_{10}H_{11}D_3FNO_3S$	—

附 录 B
(资料性)
酰胺醇类药物及其代谢物标准溶液特征离子质量色谱图

酰胺醇类药物及其代谢物标准溶液特征离子质量色谱图见图 B. 1。

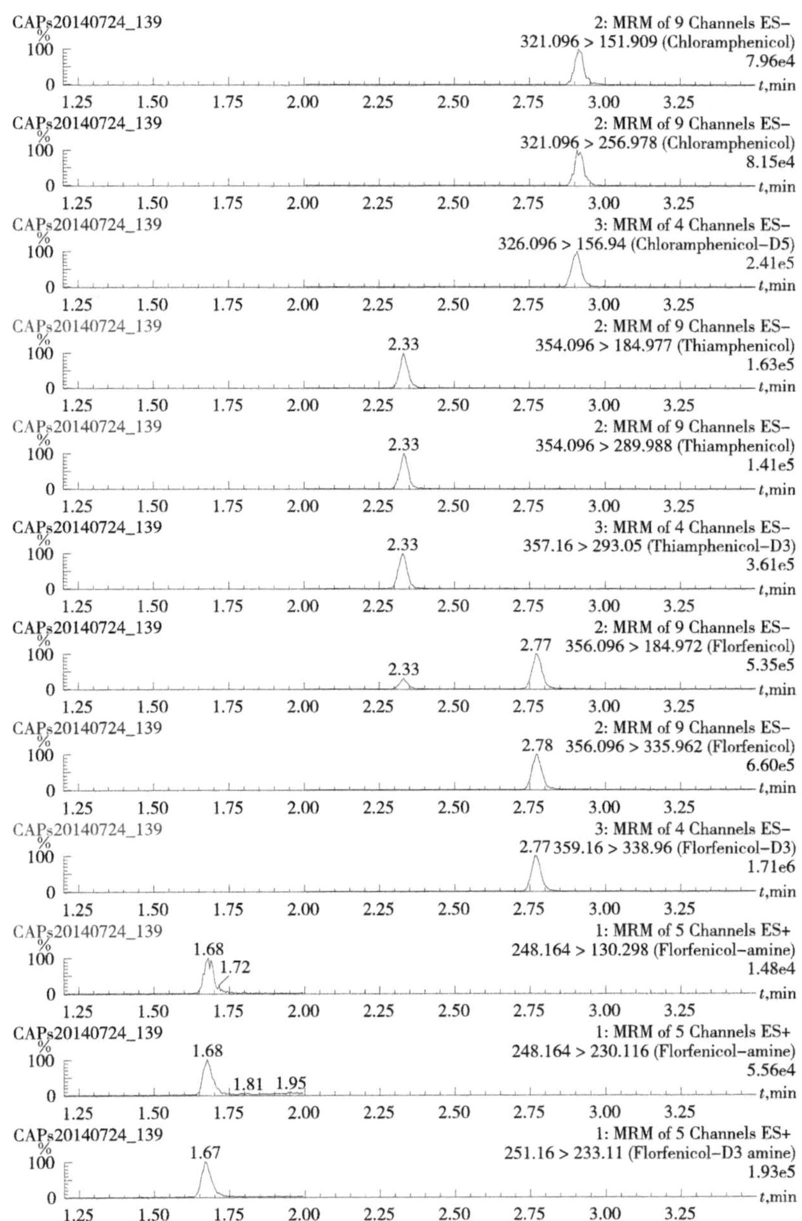

图 B. 1 酰胺醇类药物及其代谢物标准溶液特征离子质量色谱图

(氯霉素 0. 4 μg/L,氯霉素-D_5 1 μg/L,甲砜霉素、氟苯尼考、氟苯尼考胺 2 μg/L,甲砜霉素-D_3、氟苯尼考-D_3、氟苯尼考胺-D_3 5 μg/L)

ICS 67.050
CCS X 04

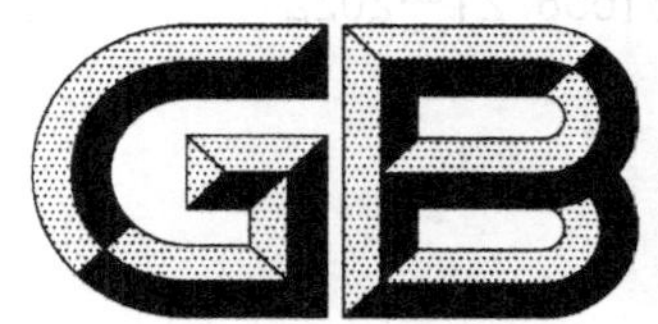

中华人民共和国国家标准

GB 31658.21—2022

食品安全国家标准
动物性食品中左旋咪唑残留量的测定
液相色谱-串联质谱法

National food safety standard—
Determination of levamisole residue in animal derived food
by liquid chromatography– tandem mass spectrometry method

2022-09-20 发布　　　　2023-02-01 实施

中华人民共和国农业农村部
中华人民共和国国家卫生健康委员会　发布
国家市场监督管理总局

前　　言

本文件按照GB/T 1.1—2020《标准化工作导则　第1部分：标准化文件的结构和起草规则》的规定起草。

本文件系首次发布。

食品安全国家标准
动物性食品中左旋咪唑残留量的测定
液相色谱-串联质谱法

1 范围

本文件规定了动物性食品中左旋咪唑残留量检测的制样和液相色谱-串联质谱测定方法。

本文件适用于猪、禽、牛、羊的肌肉、肝脏、肾脏和脂肪组织中左旋咪唑残留量的测定。

2 规范性引用文件

下列文件中的内容通过文中的规范性引用而构成本文件必不可少的条款。其中，注日期的引用文件，仅该日期对应的版本适用于本文件；不注日期的引用文件，其最新版本（包括所有的修改单）适用于本文件。

GB/T 6682 分析实验室用水规格和试验方法

3 术语和定义

本文件没有需要界定的术语和定义。

4 原理

试样中残留的左旋咪唑，在碱性条件下用乙酸乙酯提取，0.1 mol/L 盐酸溶液萃取，混合型阳离子交换固相萃取柱净化，液相色谱-串联质谱测定，外标法定量。

5 试剂或材料

除另有规定外，所有试剂均为分析纯，水为符合 GB/T 6682 规定的一级水。

5.1 试剂

5.1.1 乙腈（CH_3CN）：色谱纯。

5.1.2 甲醇（CH_3OH）：色谱纯。

5.1.3 甲酸（HCOOH）：色谱纯。

5.1.4 乙酸乙酯（$C_4H_8O_2$）。

5.1.5 无水硫酸钠（Na_2SO_4）。

5.1.6 碳酸氢钠（$NaHCO_3$）。

5.1.7 碳酸钠（Na_2CO_3）。

5.1.8 盐酸（HCl）。

5.1.9 氨水（$NH_3 \cdot H_2O$）。

5.2 溶液配制

5.2.1 碳酸氢钠饱和溶液：取水 100 mL，加无水碳酸氢钠至不溶解为止，取上清液，现用现配。

5.2.2 碳酸钠饱和溶液：取水 100 mL，加碳酸钠至不溶解为止，取上清液，现用现配。

5.2.3 碳酸盐缓冲液：取碳酸氢钠饱和溶液 90 mL、碳酸钠饱和溶液 10 mL，混匀。

5.2.4 0.1mol/L 盐酸溶液：取盐酸 9 mL，加水稀释至 1 000 mL，混匀。

5.2.5 4%氨水甲醇溶液：取氨水 4 mL，用甲醇稀释至 100 mL，混匀，现用现配。

5.2.6 0.1%甲酸溶液：取甲酸 500 μL，用水稀释至 500 mL，混匀。

5.2.7 10%乙腈甲酸溶液：取乙腈 10mL，用 0.1%甲酸水溶液稀释至 100 mL，混匀。

5.3 标准品

盐酸左旋咪唑（Levamisole hydrochloride，$C_{11}H_{12}N_2S \cdot HCl$，CAS 号：16595-80-5），含量≥99%。

5.4 标准溶液制备

5.4.1 标准储备液：取盐酸左旋咪唑标准品适量（相当于左旋咪唑约 10 mg），精密称定，加甲醇适量使溶解并稀释定容至 10 mL 容量瓶，配制成浓度为 1 mg/mL 的左旋咪唑标准储备液。−18 ℃保存，有效期 6 个月。

5.4.2 标准工作液：精密量取标准储备液 1 mL，于 100 mL 容量瓶，用甲醇稀释至刻度，配制成浓度为 10 μg/mL的左旋咪唑标准工作液。4 ℃保存，有效期 3 个月。

5.5 材料

5.5.1 混合型阳离子交换固相萃取柱：60 mg/3 mL，或相当者。

5.5.2 陶瓷均质子。

5.5.3 微孔尼龙滤膜：0.22 μm。

6 仪器设备

6.1 液相色谱-串联质谱仪：配电喷雾电离源。

6.2 分析天平：感量 0.000 01 g 和 0.01 g。

6.3 涡旋混合器。

6.4 涡旋振荡器。

6.5 高速冷冻离心机：转速≥10 000 r/min。

6.6 固相萃取装置。

6.7 氮吹仪。

7 试样的制备与保存

7.1 试样制备

取适量新鲜或解冻的空白或供试组织，绞碎，并均质。

a） 取均质后的供试样品，作为供试试样；

b） 取均质后的空白样品，作为空白试样；

c） 取均质后的空白样品，添加适宜浓度的标准溶液，作为空白添加试样。

7.2 试样保存

−18 ℃以下保存。

8 测定步骤

8.1 提取

取试料 2 g（准确至±0.05 g），于 50 mL 聚丙烯离心管中（脂肪样品需在 60 ℃水浴下加热 20 min），加入一粒陶瓷均质子，加碳酸盐缓冲液 0.5 mL，无水硫酸钠 2 g，乙酸乙酯 10 mL，涡旋 1 min，振荡5 min，6 000 r/min 离心 5 min，取上层乙酸乙酯至另一离心管，残渣用乙酸乙酯 10 mL 重复提取 1 次，合并 2 次提取液，加 0.1 mol/L 盐酸溶液 5 mL，振荡 5 min，6 000 r/min 离心 5 min，取下层水相至另一离心管中，有机相中再加 0.1 mol/L 盐酸溶液 5 mL 重复萃取 1 次，合并 2 次萃取液，备用。

8.2 净化

取混合型阳离子交换固相萃取柱，依次用甲醇 3 mL、0.1mol/L 盐酸溶液 3 mL 活化。取备用液过柱，流速控制在 1 mL/min～2 mL/min，依次用水 3 mL、甲醇 3 mL 淋洗，抽干，4%氨水甲醇溶液 3 mL 洗脱，抽干，收集洗脱液，40 ℃下氮气吹干。用 10%乙腈甲酸溶液 1.0 mL 溶解残余物，超声 1 min，过

0.22 μm微孔尼龙滤膜，供液相色谱-串联质谱仪测定。

8.3 基质匹配标准曲线的制备

精密量取标准工作液适量，用甲醇稀释，配制成浓度分别为 10 ng/mL、20 ng/mL、50 ng/mL、100 ng/mL、200 ng/mL 和 500 ng/mL 的系列标准溶液，各取 100 μL，分别加于经提取、净化步骤处理的空白试料洗脱液中，于 40 ℃下氮气吹干，用 10%乙腈甲酸水溶液 1.0 mL 溶解残余物，超声 1 min，混匀。配制成浓度分别为 1 ng/mL、2 ng/mL、5 ng/mL、10 ng/mL、20 ng/mL 和 50 ng/mL 的基质匹配标准溶液，过微孔尼龙滤膜，供液相色谱-串联质谱仪测定。以左旋咪唑定量离子质量色谱峰面积为纵坐标、基质匹配标准溶液浓度为横坐标，绘制基质匹配标准曲线。求回归方程和相关系数。

8.4 测定

8.4.1 液相色谱参考条件

a) 色谱柱：C_{18}色谱柱(50 mm×2.1 mm，1.7 μm)，或相当者；

b) 柱温：35 ℃；

c) 进样量：2 μL；

d) 流速：0.30 mL/min；

e) 流动相：A 为 0.1%甲酸溶液；B 为甲醇；梯度洗脱程序见表 1。

表 1 梯度洗脱程序

时间 min	A %	B %
0	95	5
1.0	95	5
3.5	5	95
4.5	5	95
4.6	95	5
6.0	95	5

8.4.2 质谱参考条件

a) 离子源：电喷雾离子源；

b) 扫描方式：正离子扫描；

c) 检测方式：多反应监测；

d) 离子源温度：150 ℃；

e) 脱溶剂温度：500 ℃；

f) 毛细管电压：0.8 kV；

g) 定性离子对、定量离子对及锥孔电压和碰撞能量见表 2。

表 2 左旋咪唑的质谱参考参数

<table>
<tr><th>被测物名称</th><th>定性离子对
m/z</th><th>定量离子对
m/z</th><th>锥孔电压
V</th><th>碰撞能量
eV</th></tr>
<tr><td rowspan="2">左旋咪唑</td><td>205.0>178.1</td><td rowspan="2">205.0>178.1</td><td rowspan="2">52</td><td>20</td></tr>
<tr><td>205.0>123.0</td><td>26</td></tr>
</table>

8.4.3 测定法

8.4.3.1 定性测定

在同样测试条件下，试料溶液中左旋咪唑的保留时间与基质匹配标准工作液中的保留时间相对偏差在±2.5%以内，且检测到的相对离子丰度，应当与浓度相当的基质匹配标准溶液相对离子丰度一致。其允许偏差应符合表 3 的要求。

表 3　定性确证时相对离子丰度的最大允许误差

单位为百分号

相对离子丰度	允许偏差
＞50	±20
＞20～50	±25
＞10～20	±30
≤10	±50

8.4.3.2　定量测定

取试料溶液和相应的基质匹配标准工作液，作单点或多点校准，按外标法以峰面积定量，基质匹配标准工作液及试料溶液中的左旋咪唑响应值均应在仪器检测的线性范围内。在上述色谱-质谱条件下，左旋咪唑基质匹配标准溶液的特征离子质量色谱图见附录 A。

8.5　空白试验

除不加试料外，采用完全相同的测定步骤进行测定。

9　结果计算和表述

试样中待测物残留量按标准曲线或公式(1)计算。

$$X=\frac{C_s \times A \times V}{A_s \times m} \quad \cdots\cdots (1)$$

式中：

X ——试样中左旋咪唑残留量的数值，单位为微克每千克(μg/kg)；

A ——试样中左旋咪唑定量离子峰面积；

A_s——基质匹配标准溶液中左旋咪唑定量离子峰面积；

C_s——基质匹配标准溶液中左旋咪唑浓度的数值，单位为纳克每毫升(ng/mL)；

V ——最终试样定容体积的数值，单位为毫升(mL)；

m ——试样质量的数值，单位为克(g)。

10　检测方法灵敏度、准确度和精密度

10.1　灵敏度

本方法的检测限为 0.5 μg/kg，定量限为 1.0 μg/kg。

10.2　准确度

本方法左旋咪唑在肌肉、肾脏和脂肪组织 1.0 μg/kg～10 μg/kg 添加浓度水平上的回收率为 60%～120%，10 μg/kg～20 μg/kg 添加浓度水平上的回收率为 70%～110%；在肝脏组织 1.0 μg/kg～10 μg/kg 添加浓度水平上的回收率为 60%～120%，10 μg/kg～200 μg/kg 添加浓度水平上的回收率为 70%～110%。

10.3　精密度

本方法批内相对标准偏差≤20%，批间相对标准偏差≤20%。

附　录　A
（资料性）
左旋咪唑肝脏基质匹配标准溶液特征离子质量色谱图

左旋咪唑肝脏基质匹配标准溶液（2 ng/mL）特征离子质量色谱图见图 A.1。

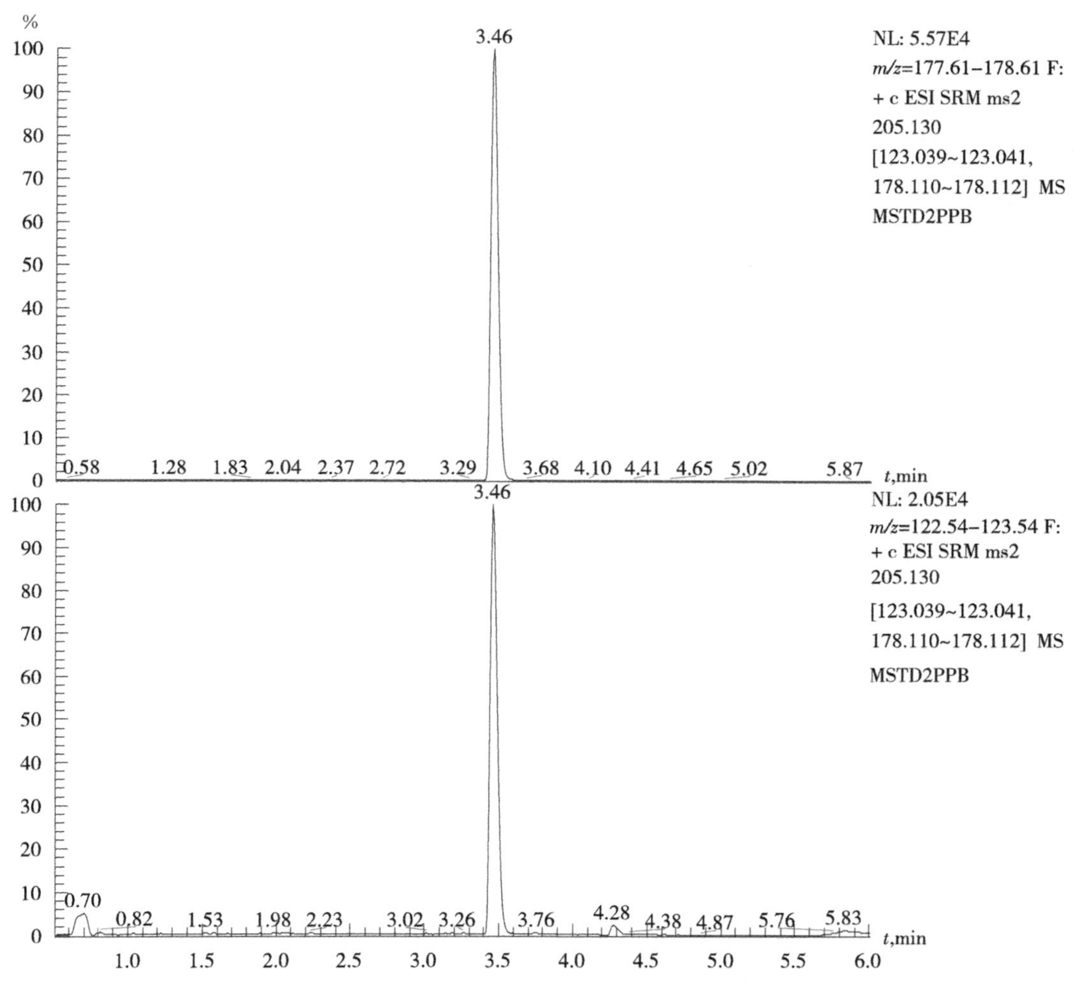

图 A.1　左旋咪唑肝脏基质匹配标准溶液特征离子质量色谱图（2 ng/mL）

ICS 67.050
CCS X 04

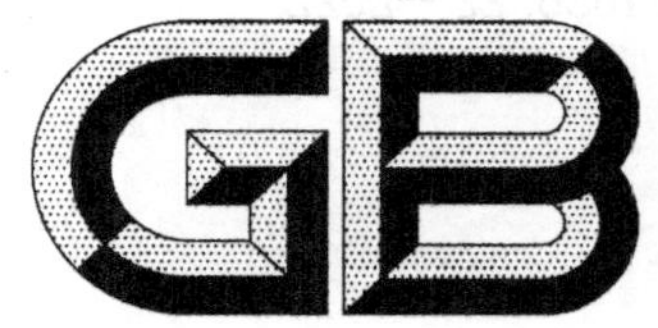

中华人民共和国国家标准

GB 31658.22—2022

代替 GB/T 22286—2008、GB/T 21313—2007

食品安全国家标准
动物性食品中β-受体激动剂残留量的测定
液相色谱-串联质谱法

National food safety standard—
Determination of β-agonists residues in animal derived food
by liquid chromatography-tandem mass spectrometric method

2022-09-20 发布　　2023-02-01 实施

中华人民共和国农业农村部
中华人民共和国国家卫生健康委员会　发布
国家市场监督管理总局

前　　言

本文件按照 GB/T 1.1—2020《标准化工作导则　第1部分：标准化文件的结构和起草规则》的规定起草。

本文件代替 GB/T 22286—2008《动物源性食品中多种β-受体激动剂残留量的测定　液相色谱串联质谱法》、GB/T 21313—2007《动物源性食品中β-受体激动剂残留检测方法　液相色谱-质谱/质谱法》。

本文件与 GB/T 22286—2008 相比，主要变化如下：

a）修改文本格式为食品安全国家标准文本格式；

b）增加了范围中的检测组织（见第1章）；

c）增加了范围中的药物种类（见第1章）；

d）灵敏度进一步提高，待测物在猪、牛、羊的肌肉、肝脏和肾脏中的检测限为 0.2 μg/kg，定量限为 0.5 μg/kg。

本文件与 GB/T 21313—2007 相比，主要变化如下：

a）修改文本格式为食品安全国家标准文本格式；

b）增加了范围中的检测组织（见第1章）；

c）增加了范围中的药物种类（见第1章）。

本文件及其所代替文件的历次版本发布情况为：

——GB/T 22286—2008、GB/T 21313—2007。

食品安全国家标准
动物性食品中β-受体激动剂残留量的测定
液相色谱-串联质谱法

1 范围

本文件规定了动物性食品中β-受体激动剂残留检测的制样和液相色谱-串联质谱测定方法。

本文件适用于猪、牛、羊的肌肉、肝脏和肾脏中克仑特罗、莱克多巴胺、沙丁胺醇、西马特罗、齐帕特罗、氯丙那林、特布他林、西布特罗、马布特罗、溴布特罗、班布特罗、克仑丙罗、妥布特罗、利托君、克仑赛罗、马喷特罗、克仑潘特和羟甲基克仑特罗共18种β-受体激动剂单个或混合物残留量的检测。

2 规范性引用文件

下列文件中的内容通过文中的规范性引用而构成本文件必不可少的条款。其中,注日期的引用文件,仅该日期对应的版本适用于本文件;不注日期的引用文件,其最新版本(包括所有的修改单)适用于本文件。

GB/T 6682 分析实验室用水规格和试验方法

3 术语和定义

本文件没有需要界定的术语和定义。

4 原理

试料中残留的β-受体激动剂,酶解、高氯酸沉淀蛋白后,经乙酸乙酯、叔丁基甲醚萃取,固相萃取柱净化,液相色谱-串联质谱法测定,内标法定量。

5 试剂和材料

5.1 试剂

以下所用试剂,除特别注明外均为分析纯试剂,水为符合GB/T 6682规定的一级水。

5.1.1 乙腈(CH_3CN):色谱纯。

5.1.2 甲醇(CH_3OH):色谱纯。

5.1.3 甲酸(HCOOH):色谱纯。

5.1.4 高氯酸($HClO_4$):70%~72%。

5.1.5 氨水($NH_3 \cdot H_2O$)。

5.1.6 乙酸乙酯($CH_3COOC_2H_5$):色谱纯。

5.1.7 叔丁基甲醚[$CH_3OC(CH_3)_3$]:色谱纯。

5.1.8 β-葡萄糖醛酸酶/芳基硫酸酯酶(β-Glucuronidase/aryl sulfatase):30 U/60 U/mL。

5.2 溶液配制

5.2.1 0.2 mol/L乙酸铵缓冲液:取乙酸铵15.4 g,溶解于1 000 mL水中,用乙酸调pH至5.2。

5.2.2 0.1 mol/L高氯酸溶液:取高氯酸8.7 mL,用水稀释至1 000 mL。

5.2.3 10 mol/L氢氧化钠溶液:称取40 g氢氧化钠,用适量水溶解冷却后,用水稀释至100 mL。

5.2.4 2%甲酸溶液:取甲酸2 mL,用水稀释至100 mL。

5.2.5 5%氨化甲醇溶液:取氨水5 mL,用甲醇稀释至100 mL。

5.2.6 0.1%甲酸乙腈溶液：取甲酸 1 mL，用乙腈稀释至 1 000 mL。

5.2.7 0.1%甲酸溶液：取甲酸 1 mL，用水稀释至 1 000 mL。

5.2.8 甲醇-0.1%甲酸溶液（10+90，V/V）：取甲醇 10 mL 和 0.1%甲酸溶液 90 mL，混匀。

5.3 标准品

5.3.1 β-受体激动剂：克仑特罗、莱克多巴胺、沙丁胺醇、西马特罗、齐帕特罗、氯丙那林、特布他林、西布特罗、马布特罗、溴布特罗、班布特罗、克仑丙罗、妥布特罗、利托君、克仑赛罗、马喷特罗、克仑潘特和羟甲基克仑特罗，含量均≥98.0%，见附录 A。

5.3.2 同位素内标：克仑特罗-D_9、盐酸莱克多巴胺-D_6、沙丁胺醇-D_3、西马特罗-D_7、齐帕特罗-D_7、氯丙那林-D_7、特布他林-D_9、西布特罗-D_9、盐酸马布特罗-D_9、盐酸班布特罗-D_9、克仑丙罗-D_7、盐酸妥布特罗-D_9和羟甲基克仑特罗-D_6，含量均≥98.0%。见附录 A。

5.4 标准溶液的配制

5.4.1 混合标准储备液：精密称取克仑特罗等标准品约 10 mg，用甲醇溶解并定容至 10 mL 容量瓶中，配制成浓度为 1.0 mg/mL 的标准储备液。−18 ℃以下保存，有效期 12 个月。

5.4.2 混合内标储备液：精密称取克仑特罗-D_9等同位素内标约 10 mg，用甲醇溶解并定容至 10 mL 容量瓶中，配制成浓度为 1.0 mg/mL 的内标储备液。−18 ℃以下保存，有效期 12 个月。

5.4.3 混合标准工作液：精密量取 1 mg/mL 的混合标准储备液 100 μL，于 10 mL 容量瓶中，用甲醇稀释至刻度，配制成浓度为 10 μg/mL 的标准工作液。−18 ℃以下保存，有效期 6 个月。

5.4.4 混合内标工作液：精密量取 1 mg/mL 的混合内标储备液 100 μL，于 10 mL 容量瓶中，用甲醇稀释至刻度，配制成浓度为 10 μg/mL 的内标工作液。−18 ℃以下保存，有效期 6 个月。

5.5 材料

5.5.1 混合型阳离子交换固相萃取柱：60 mg/3 mL，或相当者。

5.5.2 微孔滤膜：0.22 μm。

6 仪器和设备

6.1 液相色谱-串联质谱仪：配有电喷雾离子源（ESI）。

6.2 分析天平：感量 0.000 01 g。

6.3 天平：感量 0.01 g。

6.4 恒温振荡水浴摇床。

6.5 涡旋混合器。

6.6 高速离心机。

6.7 振荡器。

6.8 氮吹仪。

6.9 固相萃取装置。

7 试样的制备与保存

7.1 试样制备

取适量新鲜或解冻的空白或供试样品，并均质。

a） 取均质后的供试样品，作为供试试样；

b） 取均质后的空白样品，作为空白试样；

c） 取均质后的空白样品，添加适宜浓度的标准工作液，作为空白添加试样。

7.2 试样保存

−18 ℃以下保存。

8 测定步骤

8.1 酶解与提取

称取试料 2 g(准确至±0.05 g),于 50 mL 离心管内,加 0.2 mol/L 乙酸铵缓冲溶液 6 mL、β-葡萄糖醛酸酶/芳基硫酸酯酶 40 μL,涡旋混匀,37 ℃避光水浴振荡 16 h,放置至室温,备用。

8.2 萃取、净化与浓缩

取备用液,加 100 ng/mL 内标工作液 100 μL,涡旋混匀,8 000 r/min 离心 8 min,取上清液,加 0.1 mol/L高氯酸溶液 5 mL,涡旋混匀,用高氯酸调 pH 至 1.0±0.2,8 000 r/min 离心 8 min后,将上清液用 10 mol/L NaOH 溶液调 pH 至 10±0.5。加乙酸乙酯 15 mL,中速振荡 5 min,5 000 r/min 离心 5 min,取上层有机相。下层水相中再加入叔丁基甲醚 10 mL,中速振荡 5 min,5 000 r/min 离心 5 min,取上层有机相,合并,50 ℃下氮气吹干,用 2%甲酸溶液 5 mL 溶解,备用。

取混合型阳离子交换固相萃取柱,依次用甲醇、2%甲酸溶液各 3 mL 活化,取备用液过柱,依次用 2%甲酸溶液、甲醇各 3 mL 淋洗,抽干,用 5%氨化甲醇溶液 3 mL 洗脱;洗脱液在 50 ℃下氮气吹干。

残余物中加入甲醇-0.1%甲酸溶液(10+90,*V*/*V*)0.5 mL,充分溶解,过 0.22 μm 微孔滤膜,供液相色谱-串联质谱仪测定。

8.3 标准曲线的制备

精密量取混合标准工作液、混合内标工作液适量,用甲醇-0.1%甲酸溶液(10+90,*V*/*V*)稀释成浓度为 1 ng/mL、2 ng/mL、5 ng/mL、10 ng/mL、20 ng/mL 和 50 ng/mL 的系列标准工作液,含内标均为 5 ng/mL,供液相色谱-串联质谱法测定。以待测药物特征离子色谱峰的峰面积与对应内标物特征离子色谱峰的峰面积比值为纵坐标、相应的标准溶液浓度比为横坐标,绘制标准工作曲线,求回归方程和相关系数。

8.4 测定

8.4.1 液相色谱参考条件

a) 色谱柱:五氟苯基柱(50 mm×3.0 mm,2.6 μm),或相当者。

b) 流动相:A 相为 0.1%甲酸溶液,B 相为 0.1%甲酸乙腈溶液。流动相梯度为 0 min~0.5 min 保持 5%B;0.5 min~5 min,5%B 线性变化到 60%B;5 min~6.5 min,保持 95%B;6.5 min~8.5 min保持 5%B。

c) 流速:0.4 mL/min。

d) 进样量:5 μL。

e) 柱温:30 ℃。

8.4.2 串联质谱参考条件

a) 离子源:电喷雾离子源;

b) 扫描方式:正离子扫描;

c) 检测方式:多反应离子监测(MRM);

d) 电喷雾电压:5 500 V;

e) 离子源温度:550 ℃;

f) 辅助气 1:50 psi;

g) 辅助气 2:60 psi;

h) 气帘气:30 psi;

i) 碰撞气:Medium。

待测药物定性离子对、定量离子对、去簇电压和碰撞能量参考值见表 1。

表 1　待测药物定性离子对、定量离子对、去簇电压和碰撞能量参考值

药物	定性离子对 m/z	定量离子对 m/z	去簇电压 V	碰撞能量 eV
克仑特罗	277.0>203.0	277.0>203.0	40	21
	277.0>168.1			38
克仑特罗-D_9	286.0>204.0	286.0>204.0	50	23
莱克多巴胺	302.2>164.1	302.2>164.1	40	23
	302.2>107.1			51
莱克多巴胺-D_6	308.1>168.1	308.1>168.1	40	23
沙丁胺醇	240.2>148.1	240.2>148.1	40	24
	240.2>222.1			15
沙丁胺醇-D_3	243.1>151.0	243.1>151.0	30	25
西马特罗	220.0>160.0	220.0>160.0	40	22
	220.0>202.0			13
西马特罗-D_7	227.2>161.1	227.2>161.1	40	23
齐帕特罗	262.1>185.0	262.1>185.0	40	32
	262.1>202.1			25
齐帕特罗-D_7	269.1>185.0	269.1>185.0	40	32
氯丙那林	214.0>154.1	214.0>154.1	40	23
	214.0>118.0			34
氯丙那林-D_7	221.0>155.0	221.0>155.0	40	23
特布他林	226.2>152.0	226.2>152.0	40	21
	226.2>107.1			36
特布他林-D_9	235.2>153.1	235.2>153.1	40	20
西布特罗	234.0>160.1	234.0>160.1	40	21
	234.0>143.0			34
西布特罗-D_9	243.2>161.1	243.2>161.1	40	21
马布特罗	311.1>237.2	311.1>237.2	40	24
	311.1>202.1			40
马布特罗-D_9	320.1>238.0	320.1>238.0	40	24
溴布特罗	367.0>293.0	367.0>293.0	40	24
	367.0>349.2			17
班布特罗	368.2>294.1	368.2>294.1	40	26
	368.2>72.2			37
班布特罗-D_9	377.2>295.1	377.2>295.1	40	26
克仑丙罗	263.1>203.0	263.1>203.0	40	24
	263.1>245.1			15
克仑丙罗-D_7	270.0>204.0	270.0>204.0	40	25
妥布特罗	228.0>154.0	228.0>154.0	40	21
	228.0>118.0			35
妥布特罗-D_9	237.0>155.0	237.0>155.0	40	21
利托君	288.1>121.1	288.1>121.1	45	29
	288.1>150.1			25
克仑赛罗	319.1>203.0	319.1>203.0	50	26
	319.1>132.0			39
马喷特罗	325.0>237.0	325.0>237.0	40	24
	325.0>217.0			37
克仑潘特	291.0>203.0	291.0>203.0	30	21
	291.0>132.1			38
羟甲基克仑特罗	293.0>203.0	293.0>203.0	30	23
	293.0>132.1			38
羟甲基克仑特罗-D_6	299.0>203.0	299.0>203.0	40	25

注：内标以市场上购得的实际同位素内标为准；溴布特罗、利托君、克仑赛罗、马喷特罗和克仑潘特采用莱克多巴胺同位素内标定量，如果市场上有 5 种药物一一对应的同位素内标，优先采用。

8.4.3 测定法

8.4.3.1 定性测定

在同样的测试条件下，试样溶液的保留时间与标准溶液保留时间的偏差应在±2.5%之内；试样溶液中的离子相对丰度与标准溶液中的离子相对丰度相比，符合表2的要求。

表2 试样溶液中离子相对丰度的允许偏差范围

相对丰度，%	允许偏差，%
>50	±20
>20～50	±25
>10～20	±30
≤10	±50

8.4.3.2 定量测定

取试样溶液和标准工作液，作单点或多点校准，按内标法定量。系列标准工作液及试样溶液中目标物的响应值均应在仪器检测的线性范围内。在上述液相色谱-串联质谱条件下，标准溶液中各特征离子质量色谱图见附录B中的图B。

8.5 空白试验

取空白试料，除不添加药物外，采用完全相同的测定步骤进行平行操作。

9 结果计算和表述

试样中β-受体激动剂残留量按标准曲线或公式(1)计算。

$$X = \frac{A \times V \times A'_{is} \times C_s \times C_{is} \times 1000}{m \times A_{is} \times A_s \times C'_{is} \times 1000} \quad \cdots\cdots (1)$$

式中：

X ——试样中β-受体激动剂残留量的数值，单位为微克每千克（μg/kg）；

A ——试样溶液中β-受体激动剂的峰面积；

A_s ——标准溶液中β-受体激动剂的峰面积；

A_{is} ——试样溶液中β-受体激动剂对应内标的峰面积；

A'_{is} ——标准溶液中β-受体激动剂对应内标的峰面积；

C_s ——标准溶液中β-受体激动剂浓度的数值，单位为纳克每毫升（ng/mL）；

C_{is} ——试样溶液中β-受体激动剂内标浓度的数值，单位为纳克每毫升（ng/mL）；

C'_{is} ——标准溶液中β-受体激动剂内标浓度的数值，单位为纳克每毫升（ng/mL）；

V ——溶解最终残余物体积的数值，单位为毫升（mL）；

m ——供试试样质量的数值，单位为克（g）；

1 000 ——换算系数。

10 检测方法的灵敏度、准确度和精密度

10.1 灵敏度

本方法对猪、牛、羊的肌肉、肝脏和肾脏的检测限为0.2 μg/kg，定量限为0.5 μg/kg。

10.2 准确度

本方法对于猪、牛、羊的肌肉、肝脏和肾脏中β-受体激动剂在0.5 μg/kg～10 μg/kg添加浓度上的回收率为60%～120%。

10.3 精密度

本方法批内相对标准偏差≤20%，批间相对标准偏差≤20%。

附 录 A
(资料性)
药物中英文名称、化学分子式和 CAS 号

A.1 待测药物中英文名称、化学分子式和 CAS 号见表 A.1。

表 A.1 待测药物中英文名称、化学分子式和 CAS 号

中文名称	英文名称	化学分子式	CAS 号
盐酸克仑特罗	Clenbuterol Hydrochloride	$C_{12}H_{19}Cl_3N_2O$	21898-19-1
盐酸莱克多巴胺	Ractopamine Hydrochloride	$C_{18}H_{24}ClNO_3$	90274-24-1
沙丁胺醇	Salbutamol	$C_{13}H_{21}NO_3$	18559-94-9
西马特罗	Cimaterol	$C_{12}H_{17}N_3O$	54239-37-1
盐酸齐帕特罗	Zipaterol Hydrochloride	$C_{14}H_{20}ClN_3O_2$	119520-05-7
氯丙那林	Clorprenaline	$C_{11}H_{16}ClNO$	3811-25-4
硫酸特布他林	Terbutaline Hemisulfate salt	$C_{12}H_{19}NO_3 \cdot 1/2H_2SO_4$	23031-32-5
西布特罗	Cimbuterol	$C_{13}H_{19}N_3O$	54239-39-3
盐酸马布特罗	Mabuterol Hydrochloride	$C_{13}H_{19}Cl_2F_3N_2O$	54240-36-7
溴布特罗	Brombuterol	$C_{12}H_{18}Br_2N_2O$	41937-02-4
盐酸班布特罗	Bambuterol Hydrochloride	$C_{18}H_{30}ClN_3O_5$	81732-46-9
盐酸克仑丙罗	Clenproperol Hydrochloride	$C_{11}H_{17}Cl_3N_2O$	75136-83-3
盐酸妥布特罗	Tulobuterol Hydrochloride	$C_{12}H_{19}Cl_2NO$	56776-01-3
利托君	Ritodrine	$C_{17}H_{21}NO_3$	26652-09-5
盐酸克仑赛罗	Clencyclohexerol Hydrochloride	$C_{14}H_{21}Cl_3N_2O_2$	1435934-75-0
盐酸马喷特罗	Mapenterol Hydrochloride	$C_{14}H_{21}Cl_2F_3N_2O$	54238-51-6
盐酸克仑潘特	Clenpenterol Hydrochloride	$C_{13}H_{21}Cl_3N_2O$	37158-47-7
盐酸羟甲基克仑特罗	HydroxyMethyl Clenbuterol Hydrochloride	$C_{12}H_{19}Cl_3N_2O_2$	37162-89-3

A.2 同位素内标中英文名称、化学分子式和 CAS 号见表 A.2。

表 A.2 同位素内标中英文名称、化学分子式和 CAS 号

中文名称	英文名称	化学分子式	CAS 号
克仑特罗-D_9	Clenbuterol-D_9	$C_{12}H_9Cl_2D_9N_2O$	129138-58-5
盐酸莱克多巴胺-D_6	Ractopamine-D_6 hydrochloride	$C_{18}H_{18}D_6ClNO_3$	1276197-17-1
沙丁胺醇-D_3	Salbutamol-D_3	$C_{13}H_{18}D_3NO_3$	1219798-60-3
西马特罗-D_7	Cimaterol-D_7	$C_{12}H_{10}D_7N_3O$	1228182-44-2
齐帕特罗-D_7	Zipaterol-D_7	$C_{14}H_{12}D_7N_3O_2$	1217818-36-4
氯丙那林-D_7	Clorprenaline-D_7	$C_{11}H_9D_7ClNO$	—
特布他林-D_9	Terbutaline-D_9	$C_{12}H_{10}D_9NO_3$	1189658-09-0
西布特罗-D_9	Cimbuterol -D_9	$C_{13}H_{10}D_9N_3O$	1246819-04-4
盐酸马布特罗-D_9	Mabuterol-D_9 hydrochloride	$C_{13}H_{10}D_9Cl_2F_3N_2O$	1353867-83-0
盐酸班布特罗-D_9	Bambuterol-D_9 hydrochloride	$C_{18}H_{21}D_9ClN_3O_5$	1794810-59-5
克仑丙罗-D_7	Clenproperol-D_7	$C_{11}H_9Cl_2D_7N_2O$	1173021-09-4
盐酸妥布特罗-D_9	Tulobuterol-D_9 hydrochloride	$C_{12}H_{10}D_9Cl_2NO$	1325559-14-5
羟甲基克仑特罗-D_6	HydroxyMethyl Clenbuterol -D_6	$C_{12}H_{12}D_6Cl_2N_2O_2$	1346601-00-0

附 录 B
（资料性）
β-受体激动剂特征离子质量色谱图

标准溶液中β-受体激动剂及内标特征离子质量色谱图见图B.1。

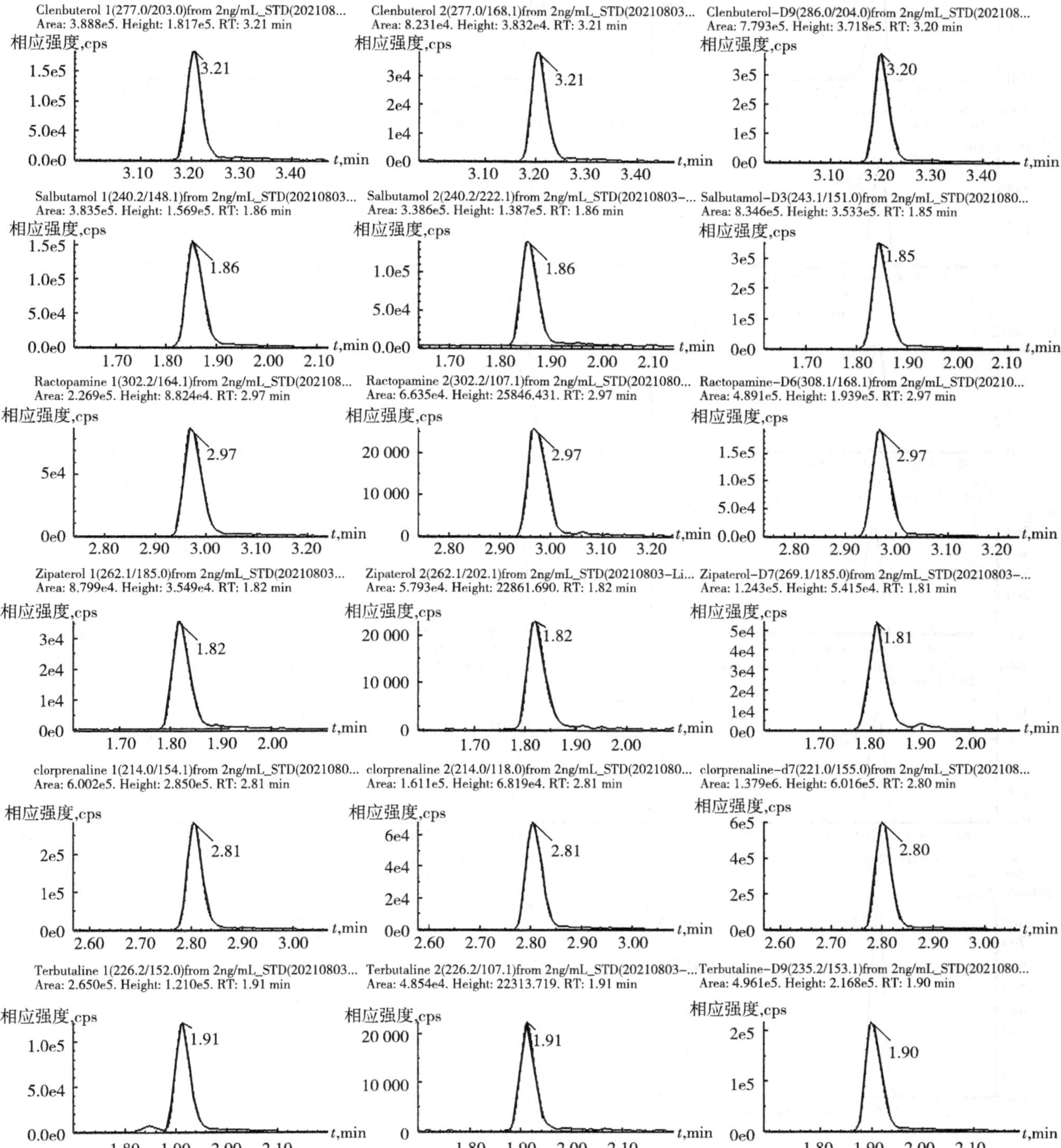

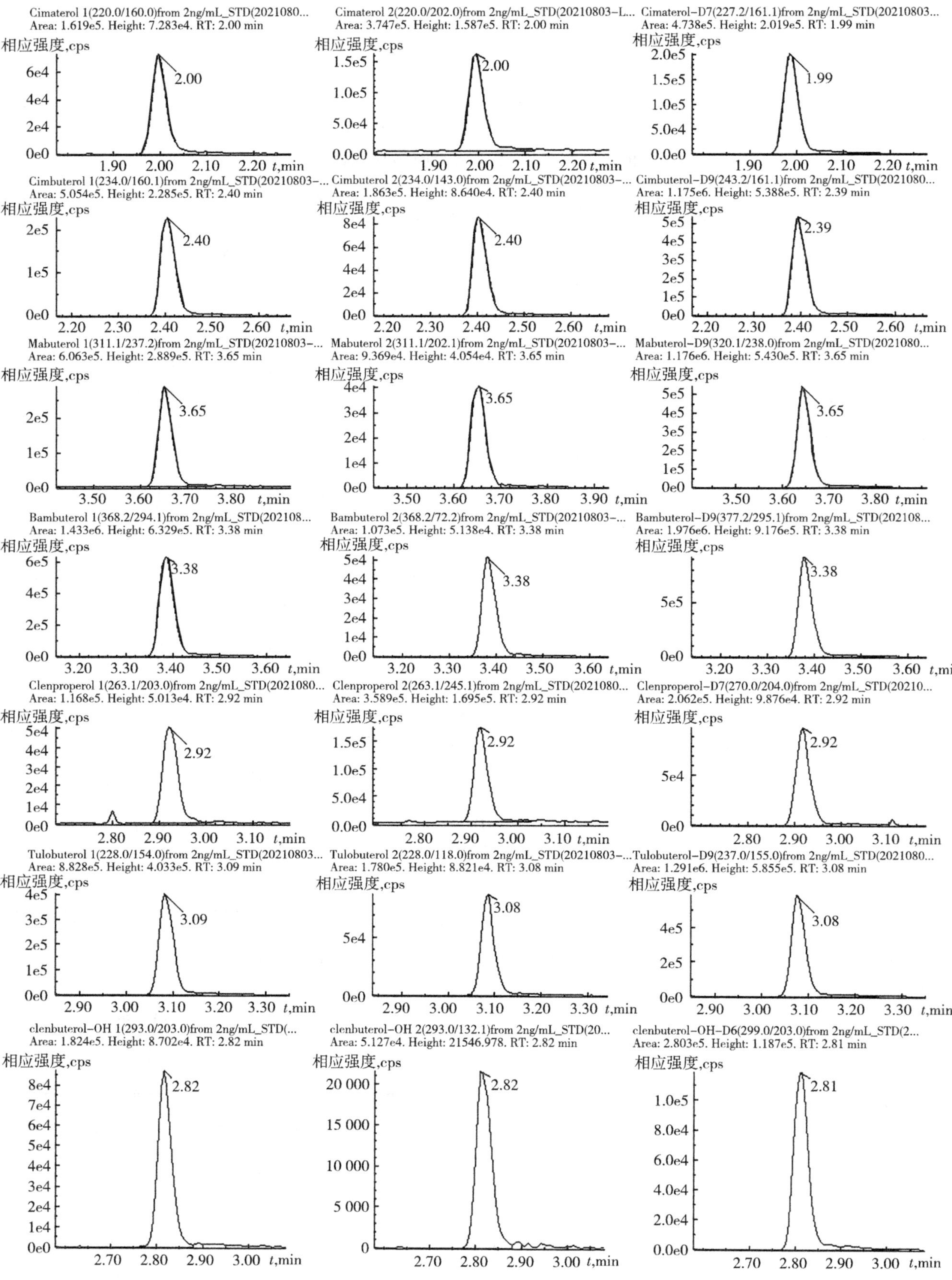
Cimaterol 1(220.0/160.0)from 2ng/mL_STD(2021080...
Area: 1.619e5. Height: 7.283e4. RT: 2.00 min
Cimaterol 2(220.0/202.0)from 2ng/mL_STD(20210803-L...
Area: 3.747e5. Height: 1.587e5. RT: 2.00 min
Cimaterol-D7(227.2/161.1)from 2ng/mL_STD(20210803...
Area: 4.738e5. Height: 2.019e5. RT: 1.99 min
Cimbuterol 1(234.0/160.1)from 2ng/mL_STD(20210803-...
Area: 5.054e5. Height: 2.285e5. RT: 2.40 min
Cimbuterol 2(234.0/143.0)from 2ng/mL_STD(20210803-...
Area: 1.863e5. Height: 8.640e4. RT: 2.40 min
Cimbuterol-D9(243.2/161.1)from 2ng/mL_STD(2021080...
Area: 1.175e6. Height: 5.388e5. RT: 2.39 min
Mabuterol 1(311.1/237.2)from 2ng/mL_STD(20210803-...
Area: 6.063e5. Height: 2.889e5. RT: 3.65 min
Mabuterol 2(311.1/202.1)from 2ng/mL_STD(20210803-...
Area: 9.369e4. Height: 4.054e4. RT: 3.65 min
Mabuterol-D9(320.1/238.0)from 2ng/mL_STD(2021080...
Area: 1.176e6. Height: 5.430e5. RT: 3.65 min
Bambuterol 1(368.2/294.1)from 2ng/mL_STD(202108...
Area: 1.433e6. Height: 6.329e5. RT: 3.38 min
Bambuterol 2(368.2/72.2)from 2ng/mL_STD(20210803-...
Area: 1.073e5. Height: 5.138e4. RT: 3.38 min
Bambuterol-D9(377.2/295.1)from 2ng/mL_STD(202108...
Area: 1.976e6. Height: 9.176e5. RT: 3.38 min
Clenproperol 1(263.1/203.0)from 2ng/mL_STD(2021080...
Area: 1.168e5. Height: 5.013e4. RT: 2.92 min
Clenproperol 2(263.1/245.1)from 2ng/mL_STD(2021080...
Area: 3.589e5. Height: 1.695e5. RT: 2.92 min
Clenproperol-D7(270.0/204.0)from 2ng/mL_STD(20210...
Area: 2.062e5. Height: 9.876e4. RT: 2.92 min
Tulobuterol 1(228.0/154.0)from 2ng/mL_STD(20210803...
Area: 8.828e5. Height: 4.033e5. RT: 3.09 min
Tulobuterol 2(228.0/118.0)from 2ng/mL_STD(20210803-...
Area: 1.780e5. Height: 8.821e4. RT: 3.08 min
Tulobuterol-D9(237.0/155.0)from 2ng/mL_STD(2021080...
Area: 1.291e6. Height: 5.855e5. RT: 3.08 min
clenbuterol-OH 1(293.0/203.0)from 2ng/mL_STD(...
Area: 1.824e5. Height: 8.702e4. RT: 2.82 min
clenbuterol-OH 2(293.0/132.1)from 2ng/mL_STD(20...
Area: 5.127e4. Height: 21546.978. RT: 2.82 min
clenbuterol-OH-D6(299.0/203.0)from 2ng/mL_STD(2...
Area: 2.803e5. Height: 1.187e5. RT: 2.81 min
相应强度,cps
t,min

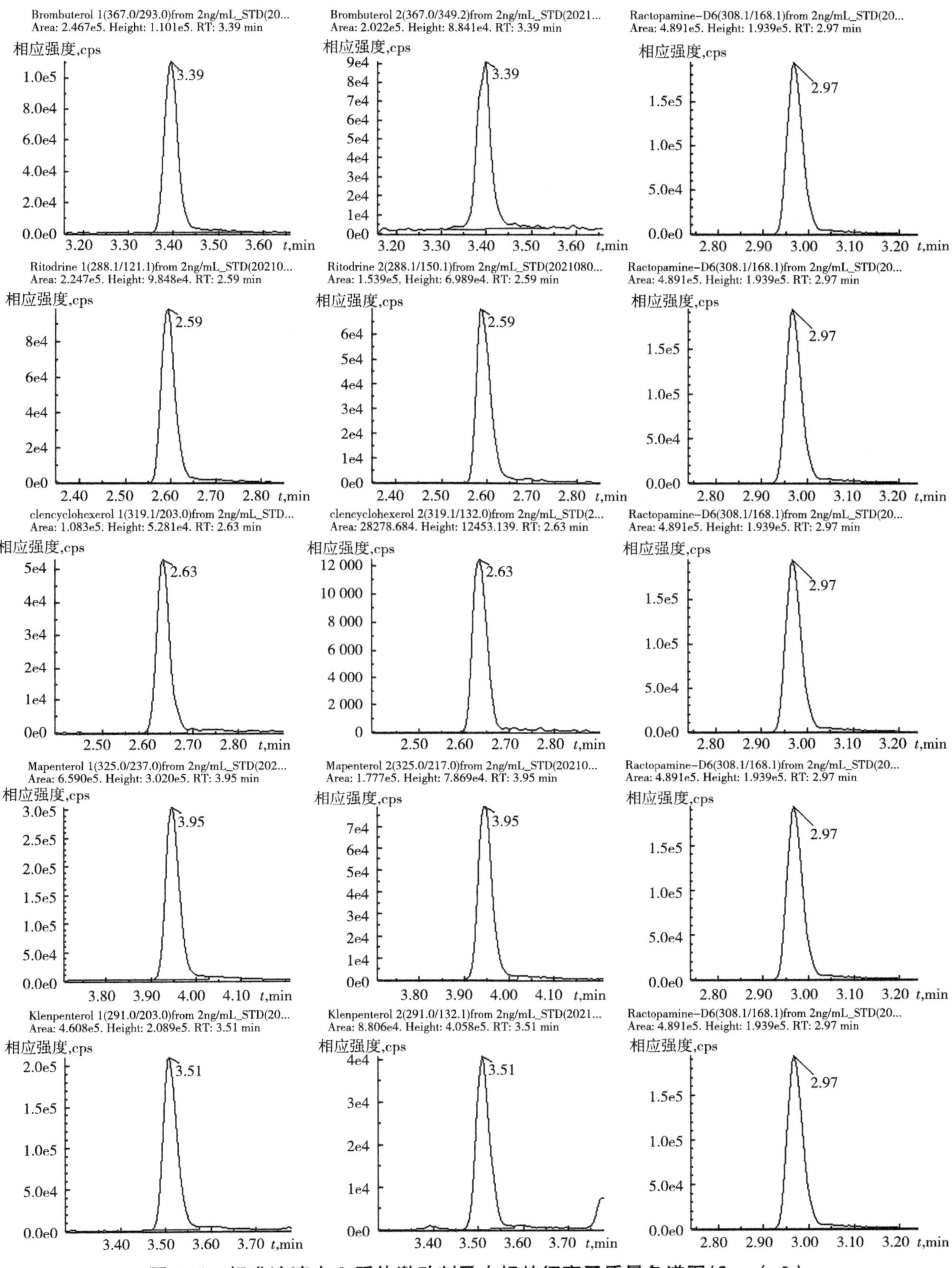

图 B.1 标准溶液中 β-受体激动剂及内标特征离子质量色谱图(2 ng/mL)

ICS 67.050
CCS X 04

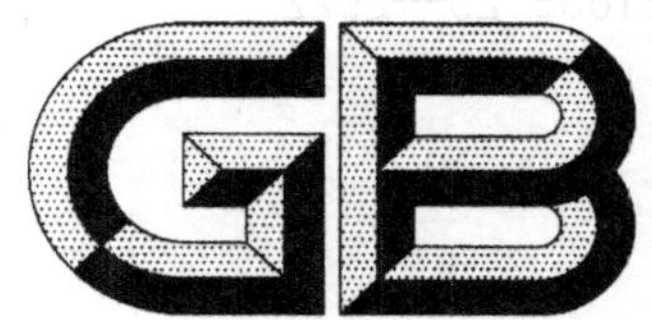

中华人民共和国国家标准

GB 31658.23—2022

食品安全国家标准　动物性食品中硝基咪唑类药物残留量的测定　液相色谱-串联质谱法

National food safety standard—
Determination of nitroimidazole residues in animal derived food by liquid chromatography- tandem mass spectrometric method

2022-09-20 发布　　2023-02-01 实施

中华人民共和国农业农村部
中华人民共和国国家卫生健康委员会　发布
国家市场监督管理总局

前　　言

本文件按照GB/T 1.1—2020《标准化工作导则　第1部分:标准化文件的结构和起草规则》的规定起草。

本文件系首次发布。

食品安全国家标准
动物性食品中硝基咪唑类药物残留量的测定
液相色谱-串联质谱法

1 范围

本文件规定了动物性食品中甲硝唑、羟基甲硝唑、地美硝唑和羟基地美硝唑残留量检测的制样和液相色谱-串联质谱测定方法。

本文件适用于猪、牛、羊和鸡的肌肉、肝脏和肾脏组织中甲硝唑、羟基甲硝唑、地美硝唑和羟基地美硝唑残留量的测定。

2 规范性引用文件

下列文件中的内容通过文中的规范性引用而构成本文件必不可少的条款。其中,注日期的引用文件,仅该日期对应的版本适用于本文件;不注日期的引用文件,其最新版本(包括所有的修改单)适用于本文件。

GB/T 6682 分析实验室用水规格和试验方法

3 术语和定义

本文件没有需要界定的术语和定义。

4 原理

试样中残留的硝基咪唑类药物经乙酸乙酯提取,正己烷液液萃取除脂,固相萃取柱净化,液相色谱-串联质谱检测,基质匹配内标法定量。

5 试剂与材料

除另有规定外,所有试剂均为分析纯,水为符合 GB/T 6682 规定的一级水。

5.1 试剂

5.1.1 乙酸乙酯($C_4H_8O_2$):色谱纯。

5.1.2 乙腈(CH_3CN):色谱纯。

5.1.3 甲醇(CH_3OH):色谱纯。

5.1.4 正己烷(C_6H_{14}):色谱纯。

5.1.5 甲酸(HCOOH):色谱纯。

5.1.6 氨水($NH_3 \cdot H_2O$)。

5.1.7 盐酸(HCl)。

5.2 溶液配制

5.2.1 0.1 mol/L 盐酸溶液:取浓盐酸 8.3 mL,加水稀释至 1 L,混匀。

5.2.2 2%氨水溶液:取氨水 2 mL,加水稀释至 100 mL,混匀,现用现配。

5.2.3 洗脱液:取甲醇 80 mL,加水 15 mL、氨水 5 mL,混匀,现用现配。

5.2.4 0.1%甲酸水溶液:取水 500 mL,加甲酸 500 μL,混匀。

5.2.5 0.1%甲酸乙腈溶液:取乙腈 500 mL,加甲酸 500 μL,混匀。

5.3 标准品

甲硝唑、地美硝唑、羟基甲硝唑、羟基地美硝唑、甲硝唑-D_3、地美硝唑-D_3、羟基甲硝唑-D_2、羟基地美硝唑-D_3，含量均≥95%。具体见附录A。

5.4 标准溶液制备

5.4.1 标准储备液：取甲硝唑、地美硝唑、羟基甲硝唑、羟基地美硝唑标准品适量（相当于各有效成分10 mg），精密称定，用甲醇溶解并稀释定容于10 mL容量瓶，配制成浓度为1 mg/mL的甲硝唑、地美硝唑、羟基甲硝唑和羟基地美硝唑标准储备液。−18 ℃以下保存，有效期6个月。

5.4.2 内标储备液：取甲硝唑-D_3、地美硝唑-D_3、羟基甲硝唑-D_2和羟基地美硝唑-D_3标准品适量（相当于各有效成分10 mg），精密称定，用甲醇溶解并稀释定容于10 mL容量瓶，配制成浓度为1 mg/mL的甲硝唑-D_3、地美硝唑-D_3、羟基甲硝唑-D_2和羟基地美硝唑-D_3内标储备液。−18 ℃以下保存，有效期6个月。

5.4.3 10 μg/mL混合标准工作液：分别精密量取标准储备液各0.1 mL于10 mL容量瓶中，用甲醇稀释至刻度，配制成浓度为10 μg/mL的混合标准工作液。−18 ℃以下保存，有效期6个月。

5.4.4 1 μg/mL混合标准工作液：精密量取10 μg/mL混合标准工作液1 mL于10 mL容量瓶中，用甲醇稀释至刻度，配制成浓度为1 μg/mL的混合标准工作液。−18 ℃以下保存，有效期3个月。

5.4.5 0.1 μg/mL混合标准工作液：精密量取1 μg/mL混合标准工作液1 mL于10 mL容量瓶中，用甲醇稀释至刻度，配制成浓度为0.1 μg/mL的混合标准工作液。−18 ℃以下保存，有效期1个月。

5.4.6 10 μg/mL混合内标工作液：分别精密量取内标储备液各0.1 mL于10 mL容量瓶中，用甲醇稀释至刻度，配制成浓度为10 μg/mL的混合内标工作液。−18 ℃以下保存，有效期6个月。

5.4.7 1 μg/mL混合内标工作液：精密量取10 μg/mL内标工作液1 mL于10 mL容量瓶中，用甲醇稀释至刻度，配制成浓度为1 μg/mL的混合内标工作液。−18 ℃以下保存，有效期3个月。

5.5 材料

5.5.1 混合型强阳离子交换反相固相萃取柱：60 mg/3 mL，或相当者。

5.5.2 微孔滤膜：0.2 μm，水相。

6 仪器和设备

6.1 液相色谱-串联质谱仪：配电喷雾离子源。

6.2 分析天平：感量0.000 01 g和0.01 g。

6.3 氮吹仪。

6.4 涡旋混合器。

6.5 离心机。

6.6 组织匀浆机。

6.7 固相萃取装置。

7 试样的制备与保存

7.1 试样的制备

取适量新鲜或解冻的空白或供试组织，绞碎，并均质。

a) 取均质后的供试样品，作为供试试样；

b) 取均质后的空白样品，作为空白试样；

c) 取均质后的空白样品，添加适宜浓度的标准溶液，作为空白添加试料。

7.2 试样的保存

−18 ℃以下保存。

8 测定步骤

8.1 提取

称取试样 2 g(准确至±0.05 g),于 50 mL 塑料离心管,加 1 μg/mL 混合内标工作液 10 μL,涡旋 30 s 混匀,静置 10 min。加乙酸乙酯 15 mL,涡旋 2 min,10 000 r/min 离心 5 min。取上清液于另一 50 mL 离心管中,残渣中加乙酸乙酯 15 mL,重复提取 1 次,合并 2 次提取液,于 25 ℃水浴氮气吹干。

8.2 净化

残余物中加 0.1 mol/L 盐酸溶液 5 mL,涡旋 1 min 充分溶解,加正己烷 5 mL,振摇 1 min,5 000 r/min 离心 5 min,弃正己烷层。下层再加正己烷 5 mL 重复除脂 1 次,弃正己烷层,备用。

固相萃取柱依次用甲醇 2 mL 和 0.1 mol/L 盐酸溶液 2 mL 活化,取备用液过柱,依次用 0.1 mol/L 盐酸溶液 2 mL、甲醇 1 mL 和 2%氨水 1 mL 淋洗,用洗脱液 2 mL 洗脱。收集洗脱液,35 ℃水浴氮气吹干,残余物中加水 0.5 mL 涡旋 1 min,滤膜过滤,供液相色谱-串联质谱测定。

8.3 基质匹配标准曲线的制备

取经提取和净化的空白试料溶液,加入适量的混合标准工作液和 1 μg/mL 混合内标工作液 10 μL,35 ℃水浴氮气吹干,加水 0.5 mL 涡旋 1 min,配制成浓度为 2 μg/L、4 μg/L、20 μg/L、40 μg/L、200 μg/L 和 400 μg/L 的基质匹配标准溶液,过滤后供液相色谱-串联质谱测定。以测得的硝基咪唑类药物与相应内标的特征离子峰面积之比为纵坐标、标准溶液浓度为横坐标,绘制标准曲线,求回归方程和相关系数。

8.4 测定

8.4.1 液相色谱参考条件

a) 色谱柱:C_{18}色谱柱 (50 mm×2.1 mm,1.7 μm)或相当者;

b) 流动相:A 为 0.1%的甲酸水溶液,B 为 0.1%甲酸乙腈溶液,梯度洗脱程序见表 1;

c) 流速:0.3 mL/min;

d) 柱温:30 ℃;

e) 进样量:10 μL。

表 1 梯度洗脱程序

时间,min	0.1%甲酸水溶液,%	0.1%甲酸乙腈溶液,%
0	95	5
0.5	95	5
2.0	85	15
3.0	0	100
3.1	95	5
4.5	95	5

8.4.2 质谱参考条件

a) 离子源:电喷雾(ESI)离子源;

b) 扫描方式:正离子扫描;

c) 检测方式:多反应监测;

d) 喷雾电压:3 000 V;

e) 雾化温度:350 ℃;

f) 源温:100 ℃;

g) 锥孔气流速:30 L/h;

h) 雾化气流速:600 L/h;

i) 待测药物定性离子对、定量离子对、锥孔电压和碰撞能量的参考值见表 2。

表 2 待测药物定性离子对、定量离子对、锥孔电压和碰撞能量的参考值

化合物名称	定性离子对 *m/z*	定量离子对 *m/z*	锥孔电压 V	碰撞能量 eV
甲硝唑	172.1>82.1 172.1>128.2	172.1>128.2	15	20 15

表 2（续）

化合物名称	定性离子对 m/z	定量离子对 m/z	锥孔电压 V	碰撞能量 eV
甲硝唑-D_3	175.0>131.0	175.0>131.0	15	15
羟基甲硝唑	188.2>123.2 188.2>126.2	188.2>123.2	15	15 15
羟基甲硝唑-D_2	190.0>125.2	190.0>125.2	15	15
地美硝唑	142.0>81.2 142.0>96.0	142.0>96.0	10	20 15
地美硝唑-D_3	145.0>99.0	145.0>99.0	10	15
羟基地美硝唑	158.0>55.2 158.0>140.3	158.0>140.3	15	15 10
羟基地美硝唑-D_3	161.0>143.0	161.0>143.0	15	10

8.4.3 测定法

8.4.3.1 定性测定

在同样测试条件下，试料溶液中硝基咪唑类药物的保留时间与基质匹配标准工作液中硝基咪唑类药物的保留时间之比，偏差在±2.5%以内，且检测到的相对离子丰度，应当与浓度相当的基质匹配标准溶液离子相对丰度一致。其允许偏差应符合表 3 的要求。

表 3 定性确证时相对离子丰度的允许偏差

单位为百分号

相对离子丰度	>50	>20～50	>10～20	≤10
允许的最大偏差	±20	±25	±30	±50

8.4.3.2 定量测定

取试料溶液和基质匹配标准工作液，作单点或多点校准，按内标法定量。基质匹配标准工作液及试料溶液中目标物的响应值均应在仪器检测的线性范围内。在上述色谱-质谱条件下，标准溶液特征离子质量色谱图见附录 B。

8.5 空白试验

取空白试料，除不加药物外，采用完全相同的测定步骤进行平行操作。

9 结果计算和表述

试样中硝基咪唑类药物的残留量按标准曲线或公式(1)计算。

$$X = \frac{A \times A'_{is} \times C_s \times C_{is} \times V}{A_{is} \times A_s \times C'_{is} \times m} \qquad (1)$$

式中：

X ——试样中硝基咪唑类药物残留量的数值，单位为微克每千克(μg/kg)；

A ——供试试样溶液中硝基咪唑类药物的峰面积；

A'_{is}——基质匹配标准溶液中内标的峰面积；

C_s ——基质匹配标准溶液中硝基咪唑类药物浓度的数值，单位为微克每升(μg/L)；

C_{is} ——供试试样中内标浓度的数值，单位为微克每升(μg/L)；

V ——供试试样最终定容体积的数值，单位为毫升(mL)；

A_{is} ——供试试样溶液中内标的峰面积；

A_s ——基质匹配标准溶液中硝基咪唑类药物的峰面积；

C'_{is}——基质匹配标准溶液中内标浓度的数值，单位为微克每升(μg/L)；

m ——供试试样质量的数值，单位为克(g)。

10 方法灵敏度、准确度和精密度

10.1 灵敏度

本方法的检测限为 0.5 μg/kg,定量限为 1 μg/kg。

10.2 准确度

本方法在 1 μg/kg～10 μg/kg 添加浓度水平上的回收率为 60%～120%。

10.3 精密度

本方法批内相对标准偏差≤20%,批间相对标准偏差≤20%。

附　录　A
（资料性）
硝基咪唑类药物中英文通用名称、化学分子式和 CAS 号

硝基咪唑类药物中英文通用名称、化学分子式和 CAS 号见表 A.1。

表 A.1　硝基咪唑类药物中英文通用名称、化学分子式和 CAS 号

中文通用名称	英文通用名称	化学分子式	CAS 号
羟基甲硝唑	Hydroxy Metronidazole	$C_6H_9N_3O_4$	4812-40-2
羟基甲硝唑-D_2	Hydroxy Metronidazole-D_2	$C_6H_7D_2N_3O_4$	—
羟基地美硝唑	Hydroxy Dimetridazole	$C_5H_7N_3O_3$	936-05-0
羟基地美硝唑-D_3	Hydroxy Dimetridazole-D_3	$C_5H_4D_3N_3O_3$	1015855-78-3
甲硝唑	Metronidazole	$C_6H_9N_3O_3$	443-48-1
甲硝唑-D_3	Metronidazole-D_3	$C_6H_6D_3N_3O_3$	83413-09-6
地美硝唑	Dimetridazole	$C_5H_7N_3O_2$	551-92-8
地美硝唑-D_3	Dimetridazole-D_3	$C_5H_4D_3N_3O_2$	64678-69-9

附　录　B
（资料性）
硝基咪唑类药物标准溶液特征离子质量色谱图

硝基咪唑类药物标准溶液特征离子质量色谱图见图 B.1。

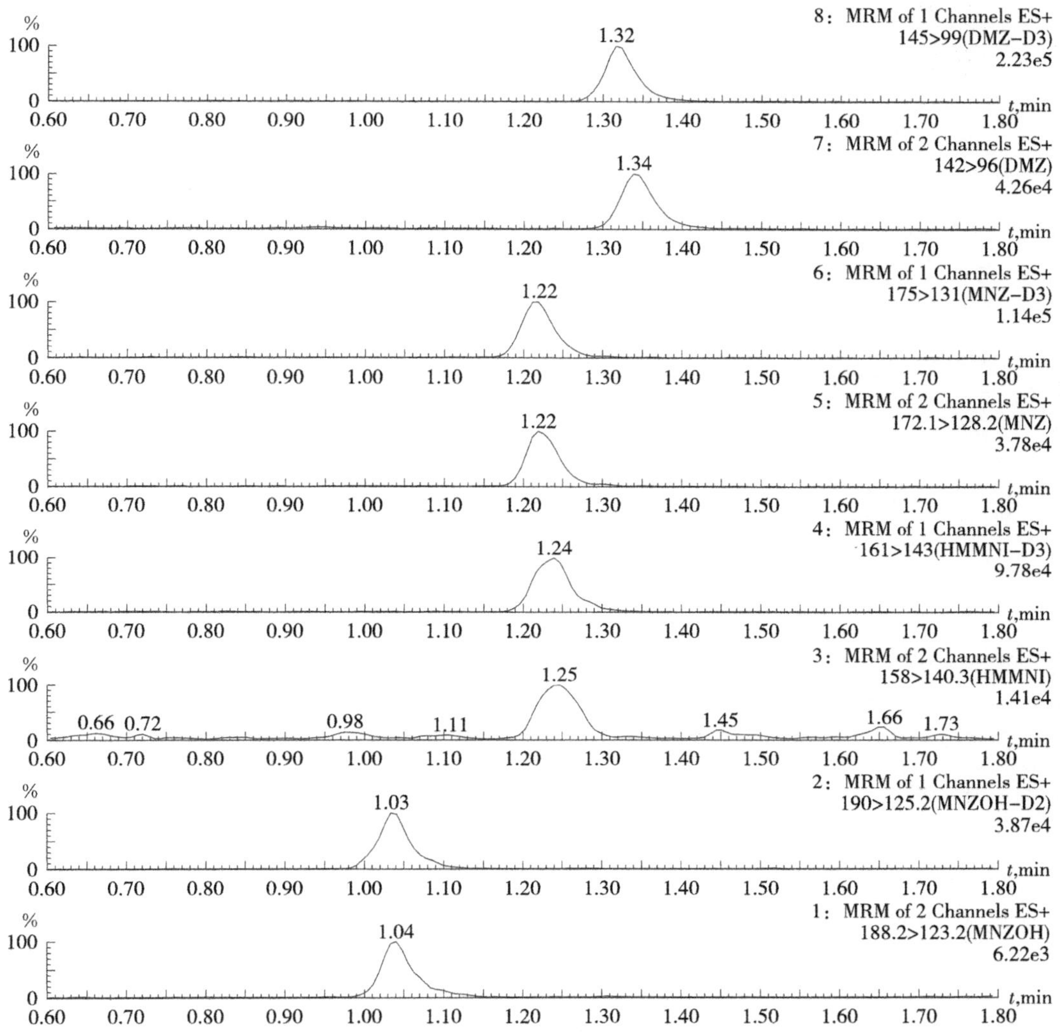

图 B.1　硝基咪唑类药物标准溶液特征离子质量色谱图（4 μg/L）

ICS 67.050
CCS X 04

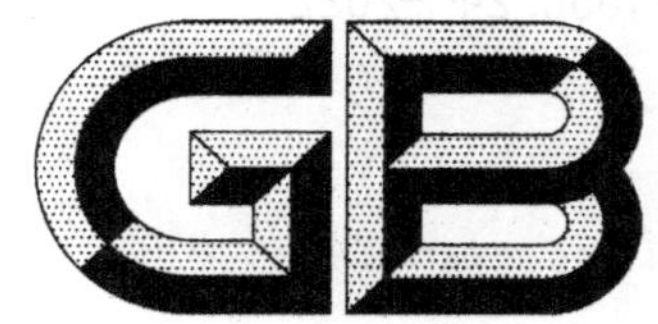

中华人民共和国国家标准

GB 31658.24—2022

食品安全国家标准
动物性食品中赛杜霉素残留量的测定
液相色谱-串联质谱法

National food safety standard—
Determination of Semduramicin residues in animal derived food by
Liquid chromatography-tandem mass spectrometric method

2022-09-20 发布　　　　2023-02-01 实施

中华人民共和国农业农村部
中华人民共和国国家卫生健康委员会　发布
国家市场监督管理总局

前　　言

本文件按照 GB/T 1.1—2020《标准化工作导则　第1部分:标准化文件的结构和起草规则》的规定起草。

本文件系首次发布。

食品安全国家标准
动物性食品中赛杜霉素残留量的测定
液相色谱-串联质谱法

1 范围

本文件规定了动物性食品中赛杜霉素的超高效液相色谱-串联质谱测定方法。

本文件适用于鸡肌肉和肝脏组织中赛杜霉素残留量的测定。

2 规范性引用文件

下列文件中的内容通过文中的规范性引用而构成本文件必不可少的条款。其中，注日期的引用文件，仅该日期对应的版本适用于本文件；不注日期的引用文件，其最新版本（包括所有的修改单）适用于本文件。

GB/T 6682 分析实验室用水规格和试验方法

3 术语和定义

本文件没有需要界定的术语和定义。

4 原理

试样中残留的赛杜霉素用乙腈提取，固相萃取柱净化，超高效液相色谱-串联质谱法检测，外标法定量。

5 试剂和材料

除特别注明者外均为分析纯试剂；水为符合 GB/T 6682 规定的一级水。

5.1 试剂

5.1.1 乙腈（CH_3CN）：色谱纯。

5.1.2 甲醇（CH_3OH）：色谱纯。

5.1.3 甲酸（HCOOH）：色谱纯。

5.1.4 二氯甲烷（CH_2Cl_2）。

5.2 溶液配制

5.2.1 50%乙腈溶液：取乙腈 50 mL，用水溶解并稀释至 100 mL，混匀。

5.2.2 80%二氯甲烷甲醇溶液：取二氯甲烷 80 mL，加甲醇 20 mL，混匀。

5.2.3 流动相 A：取水 100 mL，加甲酸 0.1 mL，混匀。

5.2.4 流动相 B：取乙腈 100 mL，加甲酸 0.1 mL，混匀。

5.3 标准品

赛杜霉素（Semduramicin，分子式：$C_{45}H_{75}O_{16}$，CAS 号：113378-31-7），含量≥94.3%。

5.4 标准溶液制备

5.4.1 标准储备液：精密称取相当于赛杜霉素 10 mg 的对照品，用乙腈溶解并定容于 10 mL 容量瓶中，配制成浓度为 1 mg/mL 的赛杜霉素标准储备液。－18 ℃以下保存，有效期 3 个月。

5.4.2 10 μg/mL 赛杜霉素标准工作液：精密量取标准储备液 0.1 mL 于 10 mL 容量瓶中，用 50%乙腈水溶液稀释至刻度，配制成 10 μg/mL 赛杜霉素标准工作液。2 ℃～8 ℃保存，有效期 1 个月。

5.4.3　1 μg/mL 赛杜霉素标准工作液：精密量取 10 μg/mL 赛杜霉素标准工作液 1.0 mL 于 10 mL 容量瓶中，用 50%乙腈水溶液稀释至刻度，配制成 1 μg/mL 赛杜霉素标准工作液。2 ℃～8 ℃保存，有效期 1 个月。

5.5　材料

5.5.1　固相萃取柱：石墨化炭黑氨基固相萃取柱：500 mg/6 mL。

5.5.2　滤膜：有机相，0.22 μm。

6　仪器和设备

6.1　超高效液相色谱-串联质谱仪：配电喷雾离子源。

6.2　分析天平：感量 0.01 g 和 0.000 01 g。

6.3　高速离心机。

6.4　涡旋混合器。

6.5　水平振荡器。

6.6　均质机。

6.7　固相萃取装置。

6.8　氮吹仪。

7　试样的制备与保存

7.1　试样制备

取适量新鲜或解冻的空白或供试组织，绞碎，并均质。

a)　取均质后的供试样品，作为供试试样；

b)　取均质后的空白样品，作为空白试样；

c)　取均质后的空白样品，添加适宜浓度的标准工作液，作为空白添加试样。

7.2　试样保存

－20 ℃以下保存。

8　测定步骤

8.1　提取

取试料 2 g(准确至±0.05 g)，于 50 mL 离心管内，加乙腈 12 mL，涡旋混匀 1 min，振荡 10 min，5 000 r/min离心 5 min(肝脏 8 000 r/min)，取上清液，加乙腈 12 mL 重复提取 1 次，合并 2 次提取液，备用。

8.2　净化

萃取柱依次用二氯甲烷 5 mL 和乙腈 5 mL 活化，取备用液，过柱，控制流速 2 mL/min～3 mL/min。抽干 10 min，用 80%二氯甲烷甲醇溶液 6 mL 洗脱，收集洗脱液，40 ℃水浴中氮气吹干。用 50%乙腈水溶液溶解并稀释至 2.0 mL，过滤，供超高效液相色谱-串联质谱测定。

8.3　基质匹配标准曲线的制备

精密量取 1 μg/mL 赛杜霉素标准工作液 20 μL、40 μL 和 100 μL，10 μg/mL 赛杜霉素标准工作液 20 μL、100 μL 和 200 μL，分别加入 6 份按提取和净化处理的空白试料残渣中，用 50%乙腈水溶液溶解并稀释至 2 mL，配制成浓度为 10 ng/mL、20 ng/mL、50 ng/mL、100 ng/mL、500 ng/mL 和 1 000 ng/mL 的基质匹配系列标准溶液，4 ℃ 10 000 r/min 离心 10 min，取上清液，滤膜过滤，供超高效液相色谱-串联质谱测定。以测得特征离子色谱峰面积为纵坐标、基质匹配标准溶液浓度为横坐标，绘制基质匹配标准曲线。求回归方程和相关系数。

8.4　测定

8.4.1 色谱参考条件

a) 色谱柱：C_{18}色谱柱(100 mm×2.1 mm，1.7 μm)，或相当者；

b) 流动相：A 为 0.1%甲酸溶液，B 为 0.1%甲酸乙腈溶液；

c) 梯度洗脱：梯度洗脱程序见表 1；

d) 流速：0.3 mL/min；

e) 柱温：30 ℃；

f) 进样量：10 μL。

表 1 梯度洗脱程序

时间 min	流速 mL/min	A %	B %
0	0.3	90	10
0.5	0.3	0	100
2.0	0.3	0	100
2.1	0.3	90	10
3.5	0.3	90	10

8.4.2 质谱参考条件

a) 离子源：电喷雾离子源；

b) 扫描方式：正离子扫描；

c) 检测方式：多反应监测；

d) 电离电压：3.0 kV；

e) 源温：100 ℃；

f) 雾化温度：350 ℃；

g) 锥孔气流速：20 L/h；

h) 雾化气流速：600 L/h；

i) 测试药物定性离子对、定量离子对、锥孔电压和碰撞能量的参考值见表 2。

表 2 赛杜霉素定性离子对、定量离子对、锥孔电压和碰撞能量的参考值

药物	定性离子对 *m/z*	定量离子对 *m/z*	锥孔电压 V	碰撞能量 eV
赛杜霉素	895.5>833.7	895.5>833.7	55	35
	895.5>851.7			35

8.5 测定法

取试料溶液和基质匹配标准溶液，作单点或多点校准，外标法计算。基质匹配标准溶液及试料溶液中赛杜霉素的特征离子质量色谱峰面积均应在仪器检测的线性范围之内。试样溶液中的相对离子丰度与基质匹配标准溶液中的相对离子丰度相比，符合表 3 的要求。标准溶液特征离子质量色谱图见附录 A。

表 3 定性测定时相对离子丰度的最大允许偏差

单位为百分号

相对离子丰度	>50	>20～50	>10～20	≤10
允许的相对偏差	±20	±25	±30	±50

8.6 空白试验

取空白试料，除不加药物外，采用完全相同的步骤进行平行操作。

9 结果计算和表述

试样中赛杜霉素的残留量按公式(1)计算。

$$X = \frac{C_s \times A \times V}{A_s \times m} \quad \cdots\cdots (1)$$

式中：

X ——试样中赛杜霉素残留量的数值，单位为微克每千克（μg/kg）；

C_s ——标准溶液中赛杜霉素浓度的数值，单位为微克每升（μg/L）；

A ——试样溶液中赛杜霉素的峰面积；

A_s ——标准溶液中赛杜霉素的峰面积；

V ——试样溶液浓缩后定容体积的数值，单位为毫升（mL）；

m ——试样质量的数值，单位为克（g）。

10 检测方法灵敏度、准确度和精密度

10.1 灵敏度

本方法的检测限为 3 μg/kg，定量限为 10 μg/kg。

10.2 准确度

本方法在 10 μg/kg～400 μg/kg 添加浓度水平上的回收率为 70%～120%。

10.3 精密度

本方法批内相对标准偏差≤20%，批间相对标准偏差≤20%。

附 录 A
（资料性）
赛杜霉素的英文名称、分子式和 CAS 号

赛杜霉素的英文名称、分子式和 CAS 号见表 A.1。

表 A.1 赛杜霉素的英文名称、分子式和 CAS 号

化合物	英文名称	分子式	CAS 号
赛杜霉素	semduramicin	$C_{45}H_{75}O_{16}$	113378-31-7

附 录 B
（资料性）
赛杜霉素标准溶液特征离子质量色谱图

赛杜霉素标准溶液特征离子质量色谱图见图 B.1。

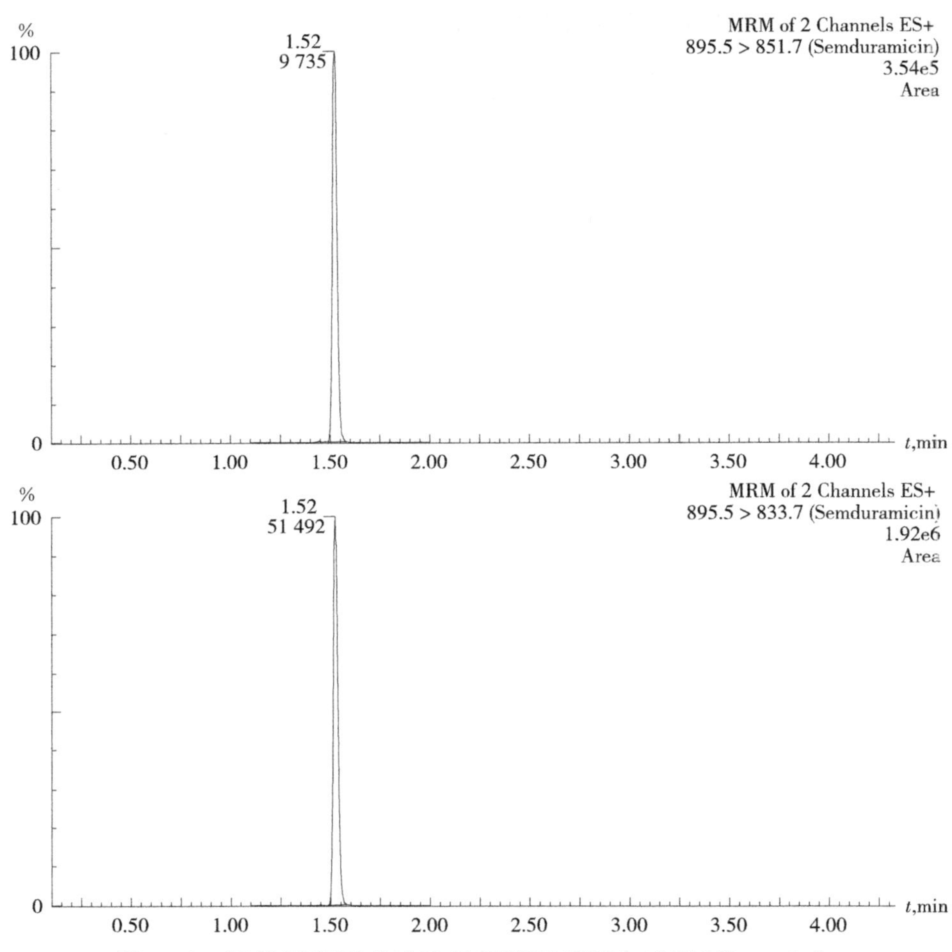

图 B.1 赛杜霉素标准溶液特征离子质量色谱图（10 μg/L）

ICS 67.050
CCS X 04

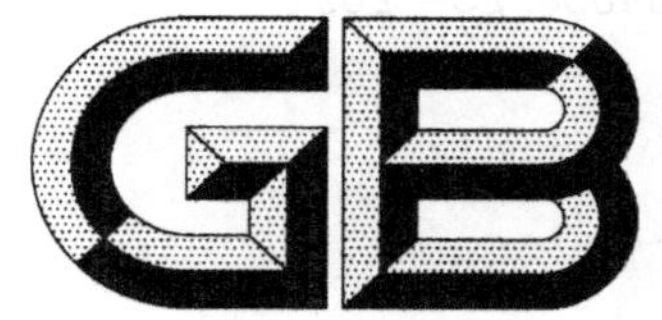

中华人民共和国国家标准

GB 31658.25—2022

食品安全国家标准
动物性食品中10种利尿药残留量的测定
液相色谱-串联质谱法

National food safety standard—
Determination of ten diuretics residues in animal derived foods by liquid chromatography-tandem mass spectrometry

2022-09-20 发布　　2023-02-01 实施

中华人民共和国农业农村部
中华人民共和国国家卫生健康委员会　发布
国家市场监督管理总局

前　言

本文件按照 GB/T 1.1—2020《标准化工作导则　第 1 部分:标准化文件的结构和起草规则》的规定起草。

本文件系首次发布。

食品安全国家标准
动物性食品中10种利尿药残留量的测定
液相色谱-串联质谱法

1 范围

本文件规定了动物性食品中10种利尿药残留量的制样和液相色谱-串联质谱测定方法。

本文件适用于猪、牛、羊、鸡、鸭的肌肉、鸡蛋和牛奶中乙酰唑胺、4-氨基-6-氯苯-1,3-二磺酰胺、氯噻嗪、氢氯噻嗪、氯噻酮、呋塞米、卞氟噻嗪、氨苯蝶啶、螺内酯、坎利酮10种利尿药残留量的测定。

2 规范性引用文件

下列文件中的内容通过文中的规范性引用而构成本文件必不可少的条款。其中,注日期的引用文件,仅该日期对应的版本适用于本文件;不注日期的引用文件,其最新版本(包括所有的修改单)适用于本文件。

GB/T 6682 分析实验室用水规格和试验方法

3 术语和定义

本文件没有需要界定的术语和定义。

4 原理

试样经乙腈-水溶液提取,正己烷除脂,反相混合型亲水亲脂固相萃取柱净化,液相色谱-串联质谱仪测定,内标法定量。

5 试剂与材料

除另有规定外,所有试剂均为色谱纯,水为符合GB/T 6682规定的一级水。

5.1 试剂

5.1.1 乙腈(CH_3CN)。

5.1.2 甲醇(CH_3OH)。

5.1.3 正己烷(C_6H_{14})。

5.1.4 二甲基亚砜(C_2H_6OS)。

5.1.5 乙酸铵(CH_3COONH_4)。

5.2 溶液配制

5.2.1 90%乙腈水溶液:取乙腈900 mL,加水稀释至1 000 mL。

5.2.2 50%乙腈水溶液:取乙腈50 mL,加水稀释至100 mL。

5.2.3 5 mmol/L乙酸铵缓冲溶液:取乙酸铵0.385 g,加水溶解,稀释至1 000 mL。

5.2.4 90%乙腈甲醇溶液:取甲醇10 mL,用乙腈稀释至100 mL,混匀。

5.2.5 乙腈饱和正己烷溶液:取相同体积的乙腈和正己烷,置于分液漏斗中,振荡,静置分层,取上层溶液。

5.3 标准品

5.3.1 利尿药标准品:乙酰唑胺、4-氨基-6-氯苯-1,3-二磺酰胺、氯噻嗪、氢氯噻嗪、氯噻酮、呋塞米、卞氟噻嗪、氨苯蝶啶、螺内酯、坎利酮,纯度均≥98.0%。或经国家认证并授予标准物质证书的标准品。标准品信息见附录 A 中的表 A.1。

5.3.2 同位素内标标准品：乙酰唑胺-D_3、4-氨基-6-氯苯-1,3-二磺酰胺-$^{15}N_2$、氯噻酮-D_4、氢氯噻嗪-$^{13}CD_2$、氯噻嗪-$^{13}C^{15}N_2$、呋塞米-D_5、卞氟噻嗪-D_5、氨苯蝶啶-D_5、坎利酮-D_6，纯度均≥98.0%。或经国家认证并授予标准物质证书的标准品。同位素内标信息见附录 A 中的表 A.1。

5.4 标准溶液制备

5.4.1 标准储备液(0.1 mg/mL)：分别称取利尿药标准品各约 10 mg，精密称定，用甲醇溶解并定容至 100 mL 棕色容量瓶中，混匀，配制成浓度为 0.1 mg/mL 的利尿药标准储备液。氨苯蝶啶标准品需先用 1 mL二甲基亚砜溶解，再用甲醇稀释并定容至刻度。−20 ℃保存，有效期 6 个月。

5.4.2 内标储备液(0.1 mg/mL)：分别称取利尿药内标标准品各约 10 mg，精密称定，用甲醇溶解并定容至 100 mL 棕色容量瓶中，混匀，配制成浓度为 0.1 mg/mL 的利尿药内标标准储备液。氨苯蝶啶-D_5标准品需先用 1 mL 二甲基亚砜溶解，再用甲醇稀释并定容至刻度。−20 ℃保存，有效期 6 个月。

5.4.3 混合标准工作液：精密量取氯噻嗪、氢氯噻嗪、卞氟噻嗪和坎利酮的标准储备液(0.1 mg/mL)各 1 mL，氯噻酮、乙酰唑胺、呋塞米、螺内酯、4-氨基-6-氯苯-1,3-二磺酰胺、氨苯蝶啶的标准储备液(0.1 mg/mL)各 2.5 mL，于同一 100 mL 棕色容量瓶中，用甲醇定容至刻度，配制成的混合标准工作液中氯噻嗪、氢氯噻嗪、卞氟噻嗪和坎利酮的浓度为 1 μg/mL；氯噻酮、乙酰唑胺、呋塞米、螺内酯和 4-氨基-6-氯苯-1,3-二磺酰胺、氨苯蝶啶的浓度为 2.5 μg/mL。4 ℃以下避光保存，有效期 1 个月。

5.4.4 内标工作液：精密量取内标储备液(0.1 mg/mL)各 1 mL，于 100 mL 棕色容量瓶中，用甲醇定容至刻度，配制成浓度为 1 μg/mL 的内标标准工作液。4 ℃以下避光保存，有效期 1 个月。

5.4.5 混合标准系列工作液

精确吸取利尿药混合标准工作液 10.0 μL、20.0 μL、50.0 μL、100 μL、200 μL、500 μL 以及内标工作液 200 μL，分别置于 10 mL 棕色容量瓶中，用 50%乙腈水溶液定容至刻度。其中氯噻嗪、氢氯噻嗪、卞氟噻嗪和坎利酮的浓度依次为 1.00 ng/mL、2.00 ng/mL、5.00 ng/mL、10.0 ng/mL、20.0 ng/mL、50.0 ng/mL；氯噻酮、乙酰唑胺、呋塞米、螺内酯、4-氨基-6-氯苯-1,3-二磺酰胺、氨苯蝶啶的浓度依次为 2.50 ng/mL、5.00 ng/mL、12.5 ng/mL、25.0 ng/mL、50.0 ng/mL、125ng/mL，标准系列工作液中内标溶液的浓度为 20.0 ng/mL。现用现配。

5.5 材料

5.5.1 固相萃取柱：通过式反相混合型亲水亲脂平衡共聚物固相萃取柱，200 mg/6 mL，或性能相当者。

5.5.2 有机滤膜：0.22 μm。

6 仪器和设备

6.1 液相色谱-串联质谱仪：配电喷雾离子源。

6.2 分析天平：感量分别为 0.000 01 g 和 0.01 g。

6.3 氮吹浓缩仪。

6.4 涡旋混合器。

6.5 超声波发生器。

6.6 离心机：转速不低于 8 000 r/min。

6.7 固相萃取装置。

6.8 均质机。

7 试样的制备与保存

7.1 试样制备

取适量新鲜或解冻的空白或供试肌肉组织，绞碎，并均质。

取适量新鲜或冷藏的空白或供试鸡蛋，去壳后混合均匀。

取适量新鲜或冷藏的空白或供试牛奶，混合均匀。

a) 取均质后的供试样品，作为供试试样；

b) 取均质后的空白样品，作为空白试样；

c) 取均质后的空白样品，添加适宜浓度的标准工作液，作为空白添加试样。

7.2 试样保存

猪肉、牛肉、羊肉、鸡肉、鸭肉和鸡蛋试样于－18 ℃以下保存，牛奶试样于 0 ℃～4 ℃保存。

8 分析步骤

8.1 提取

8.1.1 猪肉、牛肉、羊肉、鸡肉、鸭肉

称取试料 2 g（准确至±0.05 g），置于 50 mL 离心管中，加入 40.0 μL 内标工作液，加入 90％乙腈水溶液 8.0 mL，于涡旋振荡器上剧烈振荡 2 min。超声提取 15 min，8 000 r/min 离心 5 min，取上清液至离心管中。残渣加 90％乙腈水溶液 8.0 mL 重复提取 1 次，合并上清液。加入 5 mL 乙腈饱和正己烷溶液，低速涡旋 10 s，8 000 r/min 离心 3 min，取下层清液，用 90％乙腈水溶液稀释至 20.0 mL 备用。

8.1.2 鸡蛋、牛奶

称取试料 2 g（准确至±0.02 g），于 50 mL 离心管中，加入 40.0 μL 内标工作液，加入乙腈 8.0 mL，于涡旋振荡器上剧烈振荡 2 min。超声提取 15 min，8 000 r/min 离心 5 min，取上清液至离心管中。残渣加乙腈 8.0 mL 重复提取 1 次，合并上清液。加入 5 mL 乙腈饱和正己烷溶液，低速涡旋 10 s，8 000 r/min 离心 3 min，取下层清液，用乙腈稀释至 20.0 mL 备用。

8.2 净化

取备用液 10.0 mL 过固相萃取柱，以不大于 1 mL/min 的速率通过固相萃取柱，接收流出的样液，并用 1 mL 90％乙腈甲醇溶液洗脱，接收全部洗脱液，于 40 ℃下氮气吹干。用 1.0 mL 50％乙腈水溶液溶解残余物，涡旋混匀，过 0.22 μm 滤膜，供液相色谱-串联质谱仪测定。

8.3 测定

8.3.1 液相色谱参考条件

a) 色谱柱：C_{18}色谱柱（100 mm×2.1 mm，1.8 μm），或相当者；

b) 流动相：A 为 5 mmol/L 乙酸铵水溶液，B 为乙腈，梯度洗脱条件见表 1；

c) 流速：0.3 mL/min；

d) 柱温：35 ℃；

e) 进样量：5 μL。

表 1 液相色谱梯度洗脱条件

时间，min	A，％	B，％
0	97	3
1.00	97	3
1.50	80	20
6.00	40	60
9.00	20	80
10.00	2	98
12.00	97	3
15.00	97	3

8.3.2 质谱参考条件

a) 离子源：电喷雾（ESI）离子源；

b) 扫描方式：氨苯蝶啶、螺内酯、坎利酮为正离子模式；乙酰唑胺、4-氨基-6-氯苯-1，3-二磺酰胺、氯噻嗪、氢氯噻嗪、氯噻酮、呋塞米、卞氟噻嗪为负离子模式；

c) 检测方式：多反应监测；

d) 离子化电压：正模式 5 500 V，负模式－4 500 V；

e) 温度：500 ℃；

f) 气帘气：241 kPa；

g) 雾化气：345 kPa；

h) 辅助加热气：345 kPa；

i) 定性离子对、定量离子对、去簇电压及碰撞电压见附录 B。

8.3.3 测定法

8.3.3.1 定性测定

在相同实验条件下，样品中待测物质的保留时间与标准溶液中对应的保留时间偏差在±2.5%之内；且样品中被测组分定性离子的相对离子丰度与浓度接近的标准溶液中对应的定性离子的相对离子丰度进行比较，偏差不超过表 2 规定的范围，则可判定为样品中存在对应的待测物。

10 种利尿药标准工作液和内标工作液的特征离子质量色谱图见附录 C。

表 2 定性确证时相对离子丰度的允许偏差

单位为百分号

相对离子丰度	允许偏差
＞50	±20
20～50	±25
10～20	±30
≤10	±50

8.3.3.2 定量测定

按 8.3.1 和 8.3.2 设定仪器条件，取试样溶液和标准溶液，作单点或多点校准，按内标法以峰面积比计算。试样溶液及标准溶液中的 10 种利尿药的峰面积与其相应内标的峰面积比应在仪器检测的线性范围之内。10 种利尿药的多反应检测特征离子质量色谱图见附录 C。

8.4 空白试验

称取空白试样，除不加药物外，采用完全相同的测定步骤进行平行操作。

9 结果计算和表述

试样中待测药物的残留量按标准曲线或公式(1)计算。

$$X = \frac{A \times A'_{is} \times C_s \times C_{is} \times V_1 \times V_2 \times 1000}{A_{is} \times A_s \times C'_{is} \times m \times V_3 \times 1000} \quad \cdots\cdots (1)$$

式中：

X ——试样中被测物质残留量的数值，单位为微克每千克(μg/kg)；

C_s ——标准工作溶液中被测物质浓度的数值，单位为纳克每毫升(ng/mL)；

C_{is} ——试样溶液中内标浓度的数值，单位为纳克每毫升(ng/mL)；

C'_{is} ——标准工作溶液中内标浓度的数值，单位为纳克每毫升(ng/mL)；

A ——试样溶液中被测物质的峰面积；

A'_{is} ——标准工作溶液中内标的峰面积；

A_{is} ——试样溶液中内标的峰面积；

A_s ——标准工作溶液中被测物质的峰面积；

V_1 ——试样提取液总体积的数值，单位为毫升(mL)；

V_2 ——净化后残余物溶解体积的数值，单位为毫升(mL)；

V_3 ——试样提取液过柱净化体积的数值，单位为毫升(mL)；

m ——试样质量的数值，单位为克(g)；

1 000 ——换算系数。

10 方法的灵敏度、准确度和精密度

10.1 灵敏度

本方法中氯噻嗪、氢氯噻嗪、卞氟噻嗪和坎利酮的检出限为 1.00 μg/kg；定量限为 2.00 μg/kg。乙酰唑胺、4-氨基-6-氯苯-1,3-二磺酰胺、氯噻酮、呋塞米、螺内酯、氨苯蝶啶的检出限为 2.50 μg/kg；定量限为 5.00 μg/kg。

10.2 准确度

本方法中氯噻嗪、氢氯噻嗪、卞氟噻嗪和坎利酮在 2 μg/kg～20 μg/kg 的添加浓度水平时，回收率为 60%～120%。

乙酰唑胺、4-氨基-6-氯苯-1,3-二磺酰胺、氯噻酮、呋塞米、螺内酯、氨苯蝶啶在 5 μg/kg～50 μg/kg 的添加浓度水平时，回收率为 60%～120%。

10.3 精密度

本方法的批内相对标准偏差≤20%，批间相对标准偏差≤20%。

附　录　A
（资料性）
10 种利尿药的标准品信息及对应内标物质信息

10 种利尿药的标准品信息及对应内标物质信息见表 A.1。

表 A.1　10 种利尿药的标准品信息及对应内标物质信息

序号	中文名称	英文名称	分子式	CAS 号	对应内标物质
1	乙酰唑胺	Acetazolamide	$C_4H_6N_4O_3S_2$	59-66-5	乙酰唑胺-D_3
2	4-氨基-6-氯苯-1,3-二磺酰胺	4-Amino-6-Chlorobenzene-1,3-Disulfonamide	$C_6H_8ClN_3O_4S_2$	121-30-2	4-氨基-6-氯苯-1,3-二磺酰胺-$^{15}N_2$
3	氯噻嗪	Chlorothiazide	$C_7H_6ClN_3O_4S_2$	58-94-6	氯噻嗪-$^{13}C^{15}N_2$
4	氢氯噻嗪	Hydrochlorothiazide	$C_7H_8ClN_3O_4S_2$	58-93-5	氢氯噻嗪-$^{13}CD_2$
5	氯噻酮	Chlortalidone	$C_{14}H_{11}ClN_2O_4S$	77-36-1	氯噻酮-D_4
6	呋塞米	Furosemide	$C_{12}H_{11}ClN_2O_5S$	54-31-9	呋塞米-D_5
7	卞氟噻嗪	Bendroflu Methiazide	$C_{15}H_{14}F_3N_3O_4S_2$	73-48-3	卞氟噻嗪-D_5
8	氨苯蝶啶	Triamterene	$C_{12}H_{11}N_7$	396-01-0	氨苯蝶啶-D_5
9	螺内酯	Spironolactone	$C_{24}H_{32}O_4S$	52-01-7	坎利酮-D_6
10	坎利酮	Canrenone	$C_{22}H_{28}O_3$	976-71-6	坎利酮-D_6
11	乙酰唑胺-D_3	Acetazolamide-D_3	$C_4H_3D_3N_4O_3S_2$	1189904-01-5	—
12	4-氨基-6-氯苯-1,3-二磺酰胺-$^{15}N_2$	4-Amino-6-Chlorobenzene-1,3-Disulfonamide-$^{15}N_2$	$C_6H_8Cl^{15}N_2NO_4S_2$	446877-58-3	—
13	氯噻嗪-$^{13}C^{15}N_2$	Chlorothiazide-$^{13}C^{15}N_2$	$C_6{}^{13}CH_6ClN^{15}N_2O_4S_2$	1189440-79-6	—
14	氢氯噻嗪-$^{13}CD_2$	Hydrochlorothiazide-$^{13}CD_2$	$C_6{}^{13}CH_6D_2ClN_3O_4S_2$	1190006-03-1	—
15	氯噻酮-D_4	Chlortalidone-D_4	$C_{14}H_7D_4ClN_2O_4S$	1794941-44-8	—
16	呋塞米-D_5	Furosemide-D_5	$C_{12}H_6D_5ClN_2O_5S$	1189482-35-6	—
17	卞氟噻嗪-D_5	Bendroflu Methiazide-D_5	$C_{15}H_9D_5F_3N_3O_4S_2$	1330183-13-5	—
18	氨苯蝶啶-D_5	Triamterene-D_5	$C_{12}H_6D_5N_7$	1189922-23-3	—
19	坎利酮-D_6	Canrenone-D_6	$C_{22}H_{22}D_6O_3$	—	—

附 录 B
（资料性）
质谱参考参数

质谱参考参数见表 B.1。

表 B.1 质谱参考参数

被测物名称	监测离子对,m/z	去簇电压,V	碰撞电压,V
乙酰唑胺	221.0>82.9[a] 221.0>58.0	−40	−22 −18
4-氨基-6-氯苯-1,3-二磺酰胺	284.1>205.0[a] 284.1>169.0	−100	−28 −30
氯噻嗪	294.0>214.0[a] 294.0>179.0	−105	−39 −55
氢氯噻嗪	296.0>205.0 296.0>269.0[a]	−130	−30 −27
氯噻酮	337.0>146.0 337.0>190.0[a]	−100	−24 −21
呋塞米	329.0>285.0[a] 329.0>205.0	−40	−19 −29
卞氟噻嗪	420.0>289.0[a] 420.0>328.0	−150	−32 −38
氨苯蝶啶	254.1>168.1 254.1>237.0[a]	130	42 35
螺内酯	341.1>187.0 341.1>107.1[a]	130	30 35
坎利酮	341.1>187.0 341.1>107.1[a]	130	30 35
坎利酮-D_6	347.0>107.0	130	35
氢氯噻嗪-$^{13}CD_2$	299.1>270.0	−130	−26
呋塞米-D_5	334.0>290.0	−40	−19
乙酰唑胺-D_3	224.0>86.1	−40	−22
氯噻酮-D_4	341.0>190.0	−100	−21
卞氟噻嗪-D_5	425.0>294.0	−150	−32
氨苯蝶啶-D_5	259.1>242.0	130	35
氯噻嗪-$^{13}C^{15}N_2$	297.0>216.0	−105	−39
4-氨基-6-氯苯-1,3-二磺酰胺-$^{15}N_2$	286.1>206.0	−100	−28

[a] 为定量离子对。

附　录　C
（资料性）
10 种利尿药标准工作液和内标工作液的特征离子质量色谱图

10 种利尿药标准工作液和内标工作液的特征离子质量色谱图见图 C.1。

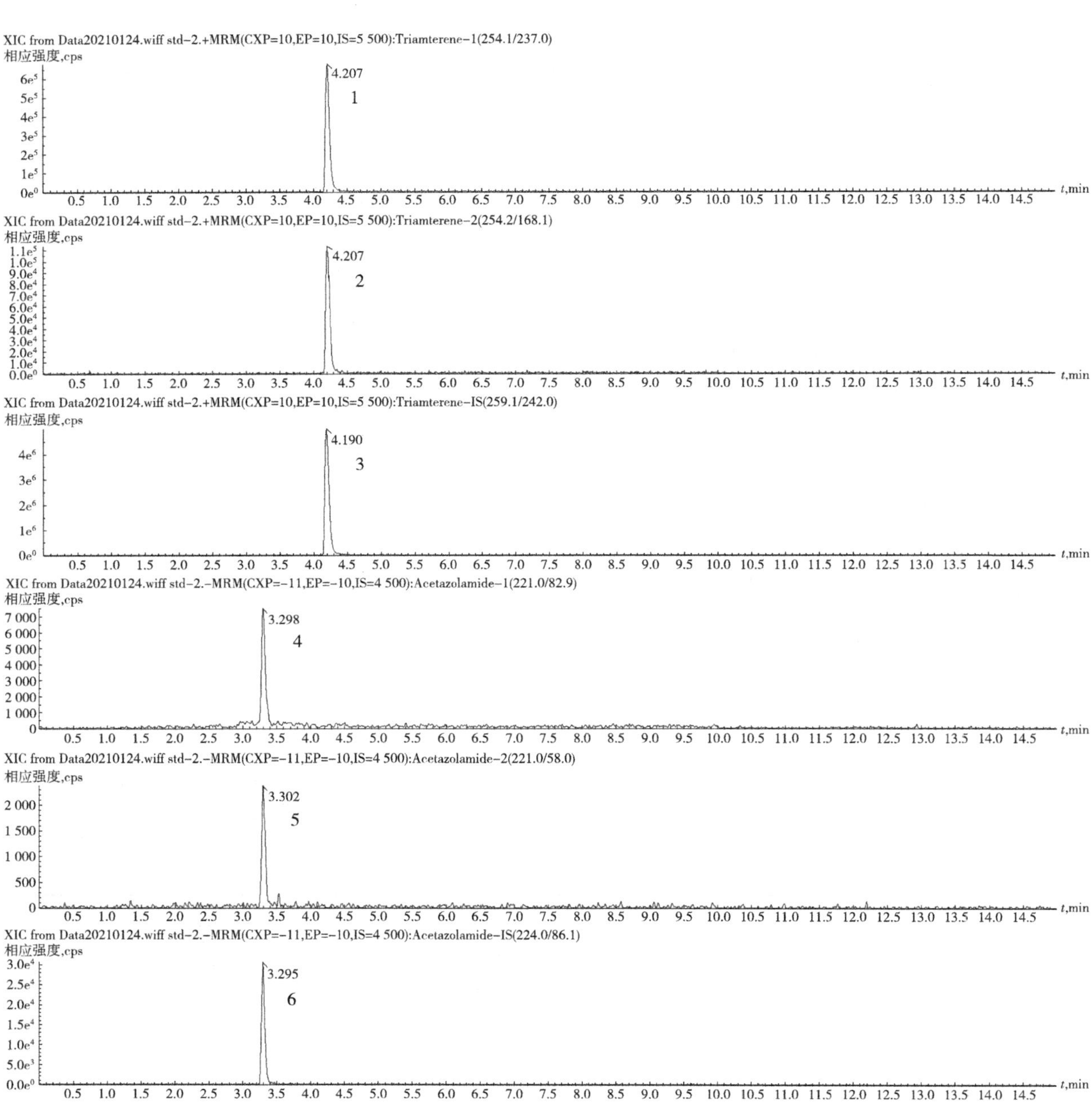

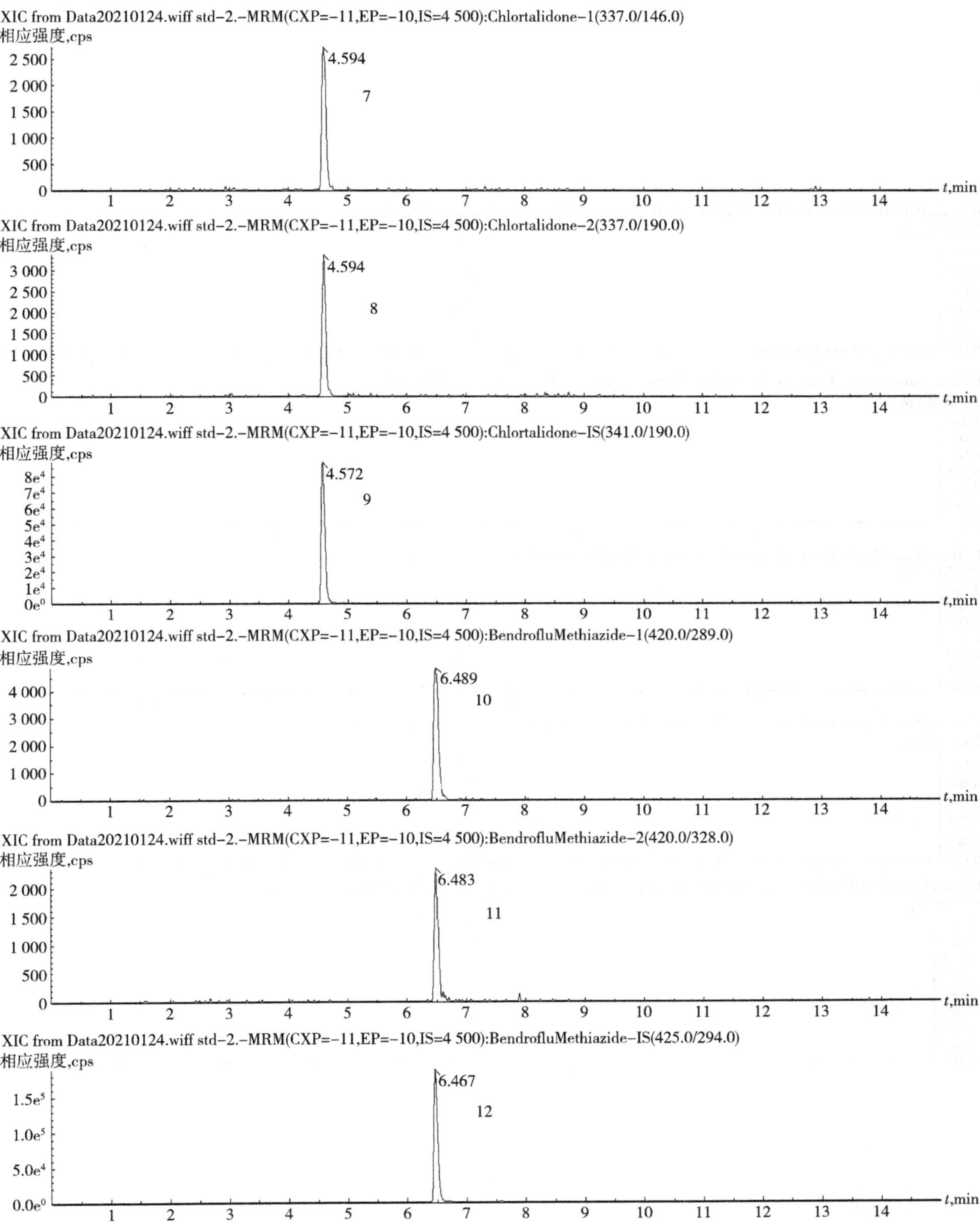
XIC from Data20210124.wiff std-2.-MRM(CXP=-11,EP=-10,IS=4 500):Chlortalidone-1(337.0/146.0)
相应强度,cps
4.594
7
t,min
XIC from Data20210124.wiff std-2.-MRM(CXP=-11,EP=-10,IS=4 500):Chlortalidone-2(337.0/190.0)
相应强度,cps
4.594
8
t,min
XIC from Data20210124.wiff std-2.-MRM(CXP=-11,EP=-10,IS=4 500):Chlortalidone-IS(341.0/190.0)
相应强度,cps
4.572
9
t,min
XIC from Data20210124.wiff std-2.-MRM(CXP=-11,EP=-10,IS=4 500):BendrofluMethiazide-1(420.0/289.0)
相应强度,cps
6.489
10
t,min
XIC from Data20210124.wiff std-2.-MRM(CXP=-11,EP=-10,IS=4 500):BendrofluMethiazide-2(420.0/328.0)
相应强度,cps
6.483
11
t,min
XIC from Data20210124.wiff std-2.-MRM(CXP=-11,EP=-10,IS=4 500):BendrofluMethiazide-IS(425.0/294.0)
相应强度,cps
6.467
12
t,min

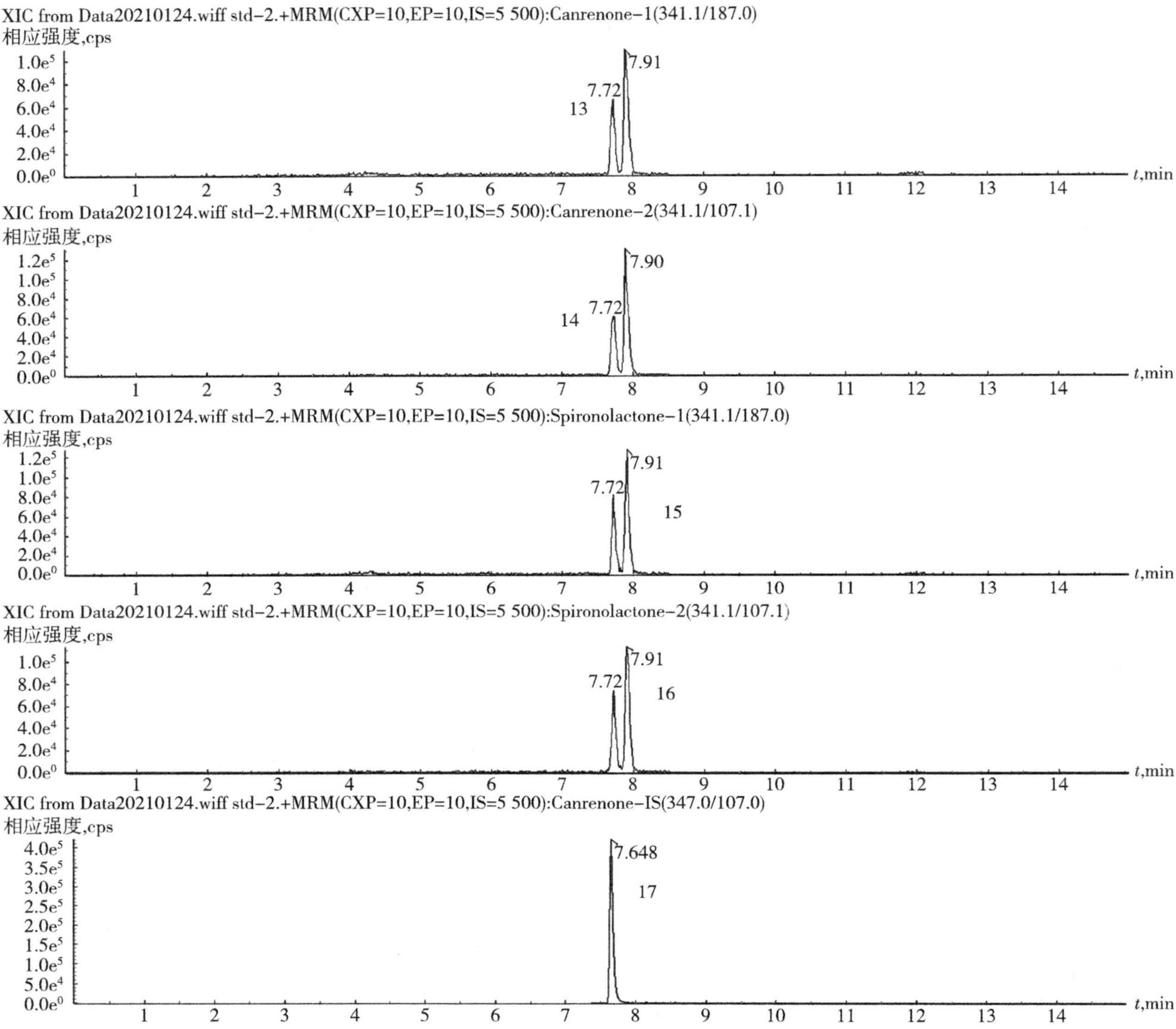
XIC from Data20210124.wiff std-2.+MRM(CXP=10,EP=10,IS=5 500):Canrenone-1(341.1/187.0)
相应强度,cps
7.91
7.72
13
t,min
XIC from Data20210124.wiff std-2.+MRM(CXP=10,EP=10,IS=5 500):Canrenone-2(341.1/107.1)
相应强度,cps
7.90
7.72
14
t,min
XIC from Data20210124.wiff std-2.+MRM(CXP=10,EP=10,IS=5 500):Spironolactone-1(341.1/187.0)
相应强度,cps
7.91
7.72
15
t,min
XIC from Data20210124.wiff std-2.+MRM(CXP=10,EP=10,IS=5 500):Spironolactone-2(341.1/107.1)
相应强度,cps
7.91
7.72
16
t,min
XIC from Data20210124.wiff std-2.+MRM(CXP=10,EP=10,IS=5 500):Canrenone-IS(347.0/107.0)
相应强度,cps
7.648
17
t,min

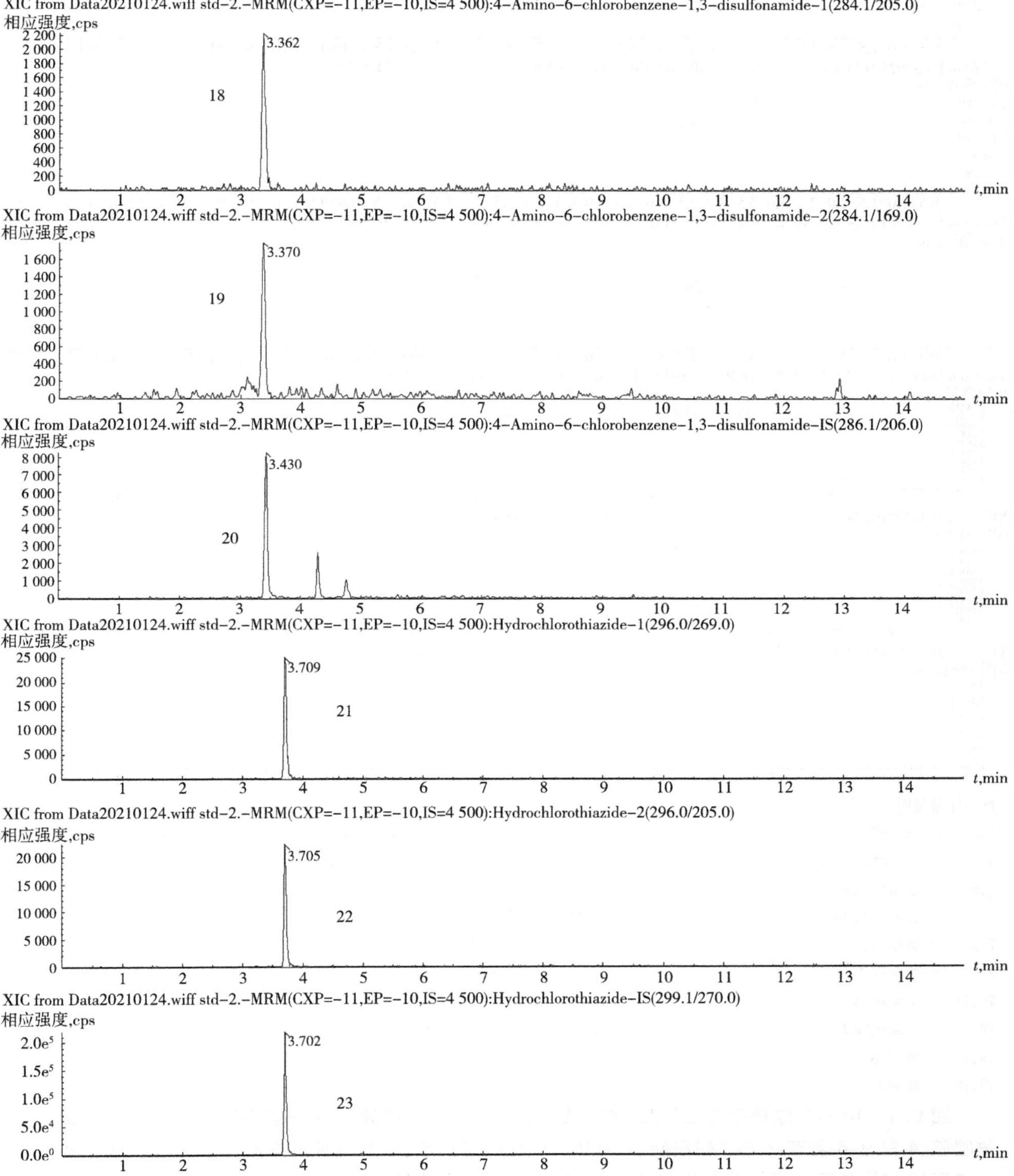
XIC from Data20210124.wiff std-2.-MRM(CXP=-11,EP=-10,IS=4 500):4-Amino-6-chlorobenzene-1,3-disulfonamide-1(284.1/205.0)
相应强度,cps
3.362
18
t,min
XIC from Data20210124.wiff std-2.-MRM(CXP=-11,EP=-10,IS=4 500):4-Amino-6-chlorobenzene-1,3-disulfonamide-2(284.1/169.0)
相应强度,cps
3.370
19
t,min
XIC from Data20210124.wiff std-2.-MRM(CXP=-11,EP=-10,IS=4 500):4-Amino-6-chlorobenzene-1,3-disulfonamide-IS(286.1/206.0)
相应强度,cps
3.430
20
t,min
XIC from Data20210124.wiff std-2.-MRM(CXP=-11,EP=-10,IS=4 500):Hydrochlorothiazide-1(296.0/269.0)
相应强度,cps
3.709
21
t,min
XIC from Data20210124.wiff std-2.-MRM(CXP=-11,EP=-10,IS=4 500):Hydrochlorothiazide-2(296.0/205.0)
相应强度,cps
3.705
22
t,min
XIC from Data20210124.wiff std-2.-MRM(CXP=-11,EP=-10,IS=4 500):Hydrochlorothiazide-IS(299.1/270.0)
相应强度,cps
3.702
23
t,min

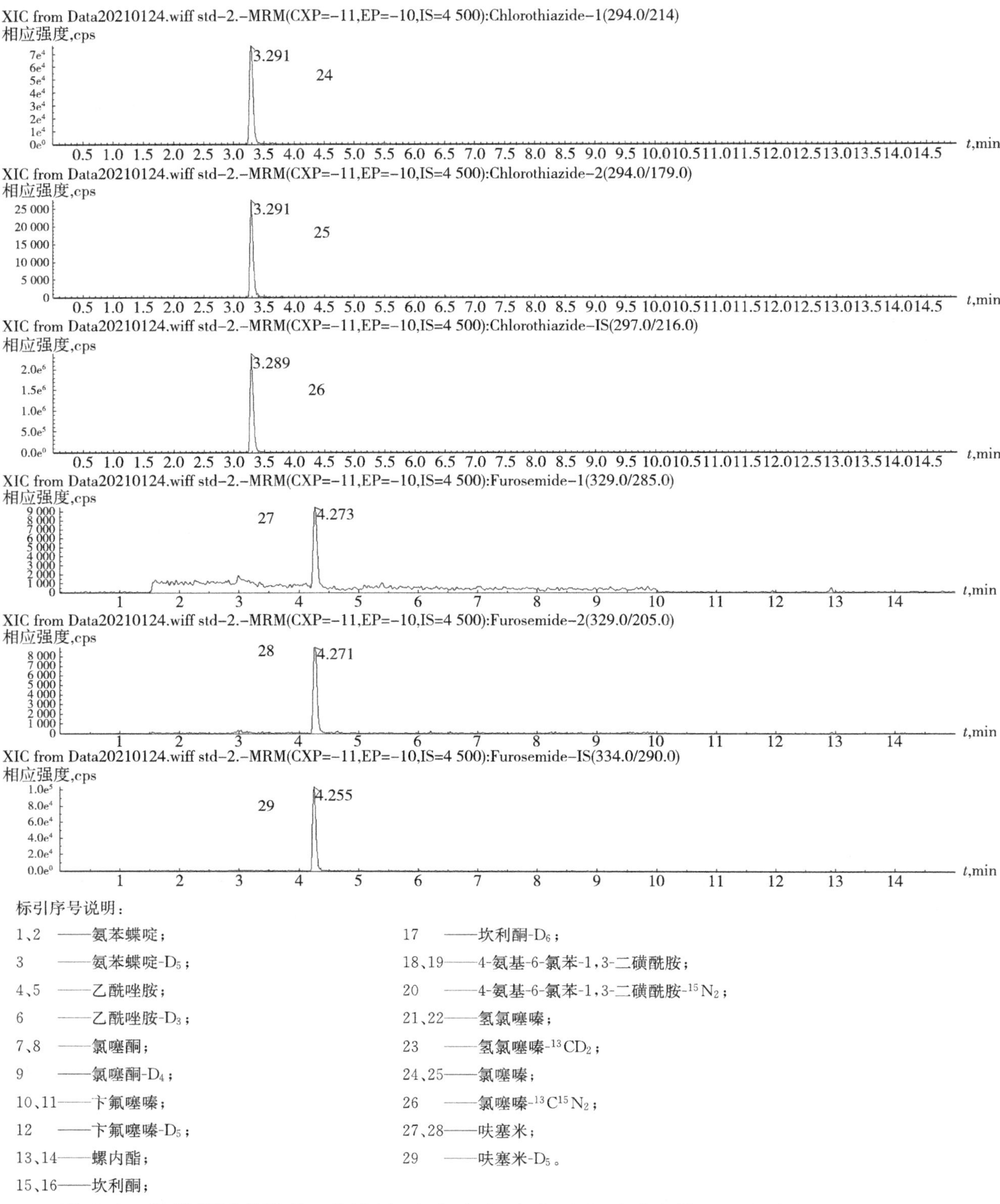

标引序号说明：

1、2 ——氨苯蝶啶；
3 ——氨苯蝶啶-D_5；
4、5 ——乙酰唑胺；
6 ——乙酰唑胺-D_3；
7、8 ——氯噻酮；
9 ——氯噻酮-D_4；
10、11——卞氟噻嗪；
12 ——卞氟噻嗪-D_5；
13、14——螺内酯；
15、16——坎利酮；
17 ——坎利酮-D_6；
18、19——4-氨基-6-氯苯-1，3-二磺酰胺；
20 ——4-氨基-6-氯苯-1，3-二磺酰胺-$^{15}N_2$；
21、22——氢氯噻嗪；
23 ——氢氯噻嗪-$^{13}CD_2$；
24、25——氯噻嗪；
26 ——氯噻嗪-$^{13}C^{15}N_2$；
27、28——呋塞米；
29 ——呋塞米-D_5。

图 C.1 10 种利尿药标准工作液(氯噻嗪、氢氯噻嗪、卞氟噻嗪和坎利酮的浓度为 2.00 ng/mL；乙酰唑胺、4-氨基-6-氯苯-1，3-二磺酰胺、氯噻酮、呋塞米、螺内酯、氨苯蝶啶的浓度为 5.00 ng/mL)和内标工作液(9 种同位素内标的浓度为 20.0 ng/mL)的特征离子质量色谱图

ICS 67.050
CCS X 04

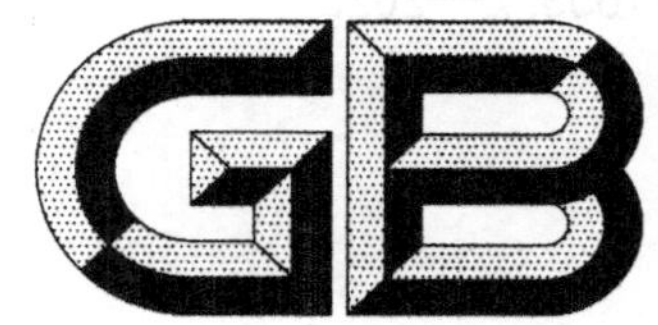

中华人民共和国国家标准

GB 31659.2—2022

食品安全国家标准
禽蛋、奶和奶粉中多西环素残留量的测定
液相色谱-串联质谱法

National food safety standard—
Determination of doxycycline residue in eggs, milk and milk powder
by liquid chromatography- tandem mass spectrometry method

2022-09-20 发布　　2023-02-01 实施

中华人民共和国农业农村部
中华人民共和国国家卫生健康委员会　发布
国家市场监督管理总局

前　　言

本文件按照 GB/T 1.1—2020《标准化工作导则　第 1 部分:标准化文件的结构和起草规则》的规定起草。

本文件系首次发布。

食品安全国家标准
禽蛋、奶和奶粉中多西环素残留量的测定　液相色谱-串联质谱法

1　范围

本文件规定了禽蛋、奶和奶粉中多西环素残留量检测的制样和液相色谱-串联质谱测定方法。

本文件适用于鸡蛋、鸭蛋、鹅蛋、牛奶粉、羊奶粉、牛奶和羊奶中多西环素残留量的测定。

2　规范性引用文件

下列文件中的内容通过文中的规范性引用而构成本文件必不可少的条款。其中，注日期的引用文件，仅该日期对应的版本适用于本文件；不注日期的引用文件，其最新版本（包括所有的修改单）适用于本文件。

GB/T 6682　分析实验室用水规格和试验方法

3　术语和定义

本文件没有需要界定的术语和定义。

4　原理

试样中残留的多西环素，经 Mcllvaine-Na_2EDTA 缓冲液提取，HLB 柱净化，液相色谱-串联质谱法测定，外标法定量。

5　试剂和材料

5.1　试剂

除另有规定外，所有试剂均为分析纯，水为符合 GB/T 6682 规定的一级水。

5.1.1　甲醇（CH_3OH）：色谱纯。

5.1.2　乙腈（CH_3CN）：色谱纯。

5.1.3　甲酸（HCOOH）：色谱纯。

5.1.4　一水柠檬酸（$C_6H_8O_7 \cdot H_2O$）。

5.1.5　十二水磷酸氢二钠（$Na_2HPO_4 \cdot 12H_2O$）。

5.1.6　二水乙二胺四乙酸二钠（$C_{10}H_{14}N_2Na_2O_8 \cdot 2H_2O$）。

5.1.7　氢氧化钠（NaOH）。

5.2　溶液配制

5.2.1　氢氧化钠溶液（1 mol/L）：取氢氧化钠 4 g，加水溶解并稀释至 100 mL，混匀。

5.2.2　Mcllvaine-Na_2EDTA 缓冲液：取一水柠檬酸 12.9 g、十二水磷酸氢二钠 27.6 g、二水乙二胺四乙酸二钠 37.2 g，加水 900 mL 使溶解，用氢氧化钠溶液调 pH 至 4.0±0.5，加水稀释至 1 000 mL，混匀。

5.2.3　0.1%甲酸溶液：取甲酸 500 μL，用水稀释至 500 mL，混匀。

5.2.4　5%甲醇溶液：取甲醇 5 mL，用水稀释至 100 mL，混匀。

5.2.5　30%甲醇溶液：取甲醇 30 mL，用水稀释至 100 mL，混匀。

5.3　标准品

盐酸多西环素（doxycycline hydrochloride，$C_{22}H_{24}N_2O_8 \cdot HCl$，CAS 号：10592-13-9），含量≥98.7%。

5.4 标准溶液制备

5.4.1 标准储备液：取盐酸多西环素适量（相当于多西环素 10 mg），精密称定，加甲醇适量使溶解并定容至 10 mL 容量瓶，配制成浓度为 1 mg/mL 的标准储备液。−18 ℃以下保存，有效期 1 个月。

5.4.2 标准中间液Ⅰ：准确量取标准储备液 0.1 mL，于 10 mL 容量瓶，用 30%甲醇稀释至刻度，混匀，配制成浓度为 10 μg/mL 的标准中间液Ⅰ。现用现配。

5.4.3 标准中间液Ⅱ：准确量取中间液Ⅰ 1.0 mL，于 10 mL 容量瓶中，用 30%甲醇稀释至刻度，混匀，配制成浓度为 1 000 ng/mL 的标准中间液Ⅱ。现用现配。

5.4.4 系列标准工作液：分别准确量取标准中间液Ⅱ 0.1 mL、0.2 mL、0.5 mL、1.0 mL、2.0 mL 于 10 mL容量瓶中，用 30%甲醇稀释至刻度，混匀，配制成浓度分别为 10 ng/mL、20 ng/mL、50 ng/mL、100 ng/mL、200 ng/mL 的系列标准工作液。现用现配。

5.5 材料

5.5.1 固相萃取柱：亲水亲脂平衡型固相萃取柱 60 mg/3 mL。

5.5.2 微孔尼龙滤膜：0.22 μm。

5.5.3 定性快速滤纸。

6 仪器和设备

6.1 液相色谱-串联质谱仪：配电喷雾离子源（ESI）。

6.2 分析天平：感量 0.000 01 g 和 0.01 g。

6.3 涡旋混合器。

6.4 涡旋振荡器。

6.5 高速冷冻离心机：转速可达 14 000 r/min。

6.6 固相萃取装置。

6.7 氮吹仪。

7 试样的制备与保存

7.1 试样的制备

取适量新鲜的空白或供试禽蛋，去壳并均质。

取适量新鲜或解冻的空白或供试奶，混合均匀。

取适量新鲜的空白或供试奶粉，混合均匀。

a) 取均质的供试样品，作为供试试样；

b) 取均质的空白样品，作为空白试样；

c) 取均质的空白样品，添加适宜浓度的标准溶液，作为空白添加试样。

7.2 试样的保存

禽蛋、奶−18 ℃以下保存，奶粉常温避光保存。

8 测定步骤

8.1 提取

禽蛋、奶：取试料 2 g（准确至±0.05 g），于 50 mL 聚丙烯离心管中，加入 Mcllvaine -Na_2EDTA 缓冲液 8 mL，振荡 10 min，4 ℃下 14 000 r/min 离心 10 min，吸取上层液体于另一 50 mL 离心管中。用 Mcllvaine-Na_2EDTA 缓冲液重复提取 2 次，每次 8 mL，合并提取液，4 ℃下 14 000 r/min 离心 10 min，取上清液备用（奶试样上清液经滤纸过滤后备用）。

奶粉：取试料 2 g（准确至±0.05 g），于 50 mL 聚丙烯离心管中，加入 Mcllvaine-Na_2EDTA 缓冲液 10 mL，振荡 10 min，4 ℃下 14 000 r/min 离心 10 min，吸取上清液于另一 50 mL 离心管。用 Mcllvaine-

Na_2EDTA 缓冲液重复提取 2 次，每次 10 mL，合并提取液，4 ℃下 14 000 r/min 离心 10 min，上清液过滤纸后备用。

8.2 净化

取固相萃取柱，依次用甲醇、水各 3 mL 活化。取备用液，过柱，用水 3 mL，5%甲醇3 mL淋洗，抽干，加甲醇 3 mL 洗脱，抽干，收集洗脱液，于 40 ℃下氮气吹至液体小于 1 mL，加 30%甲醇至 1.0 mL，涡旋混匀，过微孔尼龙滤膜，供液相色谱-串联质谱仪测定。

8.3 基质匹配标准曲线的制备

准确移取系列标准工作液各 100 μL 于经 8.1～8.2 步骤处理所得空白洗脱液中，40 ℃下氮气吹至液体小于 1 mL，加 30%甲醇至 1.0 mL，涡旋混匀，配制成浓度为 1.0 ng/mL、2.0 ng/mL、5.0 ng/mL、10.0 ng/mL、20.0 ng/mL 的系列基质匹配标准溶液，过微孔尼龙滤膜，供液相色谱-串联质谱仪测定。以多西环素特征离子质量色谱峰面积为纵坐标、标准溶液浓度为横坐标，绘制基质匹配标准曲线。

8.4 测定

8.4.1 液相色谱参考条件

a) 色谱柱：C_{18}柱，柱长 100 mm，内径 2.1 mm，粒径 1.7 μm，或相当者；

b) 流动相：A 为乙腈，B 为 0.1%甲酸溶液；

c) 流速：0.3 mL/min；

d) 进样量：10 μL；

e) 柱温：30 ℃；

f) 流动相梯度洗脱程序见表 1。

表 1 梯度洗脱程序

时间 min	A %	B %
0.0	10	90
4.0	40	60
4.1	10	90
5.0	10	90

8.4.2 质谱参考条件

a) 离子源：电喷雾离子源；

b) 扫描方式：正离子扫描；

c) 检测方式：多反应离子监测(MRM)；

d) 离子源温度：150 ℃；

e) 脱溶剂温度：450 ℃；

f) 毛细管电压：3.3 kV；

g) 定性离子对、定量离子对及锥孔电压和碰撞能量见表 2。

表 2 多西环素药物的质谱参数

被测物名称	定性离子对 *m/z*	定量离子对 *m/z*	锥孔电压 V	碰撞能量 eV
多西环素	445.2>321.0	445.2>154.0	34	28.0
	445.2>154.0			28.0

8.4.3 测定法

8.4.3.1 定性测定

在同样测试条件下，试料溶液中多西环素的保留时间与基质匹配标准工作液中多西环素的保留时间相对偏差在±2.5%以内，且检测到的离子的相对丰度，应当与浓度相当的基质匹配标准溶液相对丰度一致。其允许偏差应符合表 3 的要求。

表 3　定性测定时相对离子丰度的最大允许偏差

单位为百分号

相对离子丰度	允许偏差
>50	±20
>20～50	±25
>10～20	±30
≤10	±50

8.4.3.2　**定量测定**

取试料溶液和基质匹配标准工作液，作单点或多点校准，按外标法以峰面积定量，基质匹配标准工作液及试料溶液中的多西环素响应值均应在仪器检测的线性范围内。在上述色谱-质谱条件下，空白鸡蛋基质匹配标准溶液特征离子质量色谱图见附录 A。

8.5　**空白试验**

取空白试料，除不加药物外，采用完全相同的测定步骤进行测定。

9　结果计算和表述

试样中多西环素的残留量按标准曲线或公式(1)计算。

$$X = \frac{C_s \times A_i \times V}{A_s \times m} \quad \cdots\cdots (1)$$

式中：

X ——试样中多西环素残留量的数值，单位为微克每千克(μg/kg)；

C_s——基质匹配标准溶液中多西环素浓度的数值，单位为纳克每毫升(ng/mL)；

A_i——试样溶液中多西环素峰面积；

V ——溶解残余物所用溶液体积的数值，单位为毫升(mL)；

A_s——基质匹配标准溶液中多西环素峰面积；

m ——试样质量的数值，单位为克(g)。

10　检测方法的灵敏度、准确度和精密度

10.1　**灵敏度**

本方法的检测限为 1 μg/kg，定量限为 2 μg/kg。

10.2　**准确度**

本方法在 2 μg/kg～10 μg/kg 添加浓度水平上的回收率为 60%～120%。

10.3　**精密度**

本方法的批内相对标准偏差≤20%，批间相对标准偏差≤20%。

附 录 A
(资料性)
鸡蛋基质匹配标准溶液特征离子质量色谱图

鸡蛋基质匹配标准溶液特征离子质量色谱图 A.1。

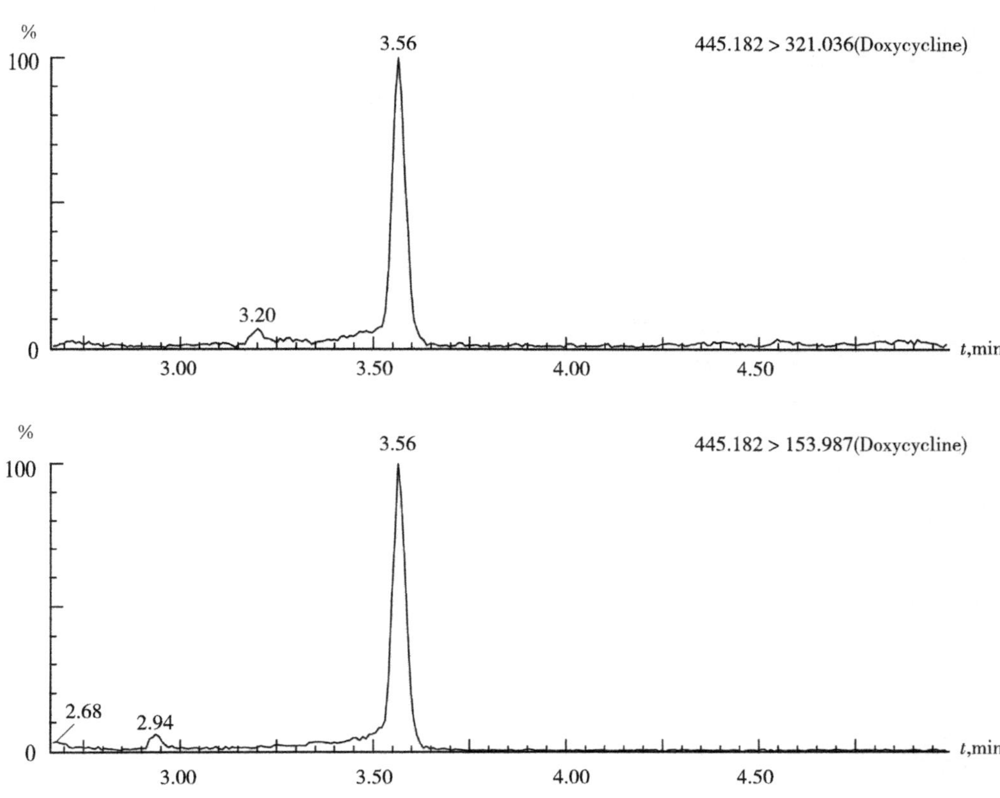

图 A.1 鸡蛋基质匹配标准溶液特征离子质量色谱图(4 μg/L)

ICS 67.100
CCS X 16

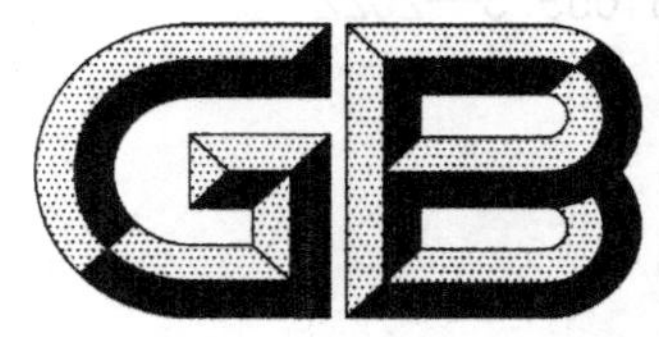

中华人民共和国国家标准

GB 31659.3—2022
代替 GB/T 22989—2008

食品安全国家标准
奶和奶粉中头孢类药物残留量的测定
液相色谱-串联质谱法

National food safety standard—
Determination of cephalosporins residues in milk and milk powder by liquid chromatography–tandem mass spectrometric method

2022-09-20 发布　　　　2023-02-01 实施

中华人民共和国农业农村部
中华人民共和国国家卫生健康委员会　发布
国家市场监督管理总局

前　　言

本文件按照 GB/T 1.1—2020《标准化工作导则　第 1 部分:标准化文件的结构和起草规则》的规定起草。

本文件代替 GB/T 22989—2008《牛奶和奶粉中头孢匹林、头孢氨苄、头孢洛宁、头孢喹肟残留量的测定　液相色谱-串联质谱法》,与 GB/T 22989—2008 相比,除结构调整和编辑性改动外,主要变化如下:

——标准文本格式修改为食品安全国家标准文本格式;

——标准范围中增加羊奶的检测;

——标准范围增加药物品种数量;

——标准灵敏度进一步提高。

本文件及其所代替文件的历次版本发布情况为:

——GB/T 22989—2008。

食品安全国家标准
奶和奶粉中头孢类药物残留量的测定　液相色谱-串联质谱法

1　范围

本文件规定了牛奶、羊奶和奶粉中头孢氨苄、头孢拉定、头孢唑林、头孢哌酮、头孢乙腈、头孢匹林、头孢洛宁、头孢喹肟、头孢噻肟残留量检测的制样和液相色谱-串联质谱测定方法。

本文件适用于牛奶、羊奶和奶粉中头孢氨苄、头孢拉定、头孢唑林、头孢哌酮、头孢乙腈、头孢匹林、头孢洛宁、头孢喹肟、头孢噻肟残留量的检测。

2　规范性引用文件

下列文件中的内容通过文中的规范性引用而构成本文件必不可少的条款。其中，注日期的引用文件，仅该日期对应的版本适用于本文件；不注日期的引用文件，其最新版本（包括所有的修改单）适用于本文件。

GB/T 6682　分析实验室用水规格和试验方法

3　术语和定义

本文件没有需要界定的术语和定义。

4　原理

试样中的药物残留用磷酸盐缓冲溶液提取，亲水亲脂平衡固相萃取柱净化，液相色谱-串联质谱法测定，基质校准外标法定量。

5　试剂与材料

除另有规定外，所有试剂均为分析纯，水为符合 GB/T 6682 规定的一级水。

5.1　试剂

5.1.1　甲醇（CH_3OH）：色谱纯。

5.1.2　乙腈（CH_3CN）：色谱纯。

5.1.3　甲酸（HCOOH）：色谱纯。

5.1.4　正己烷（C_6H_{14}）。

5.1.5　磷酸二氢钾（KH_2PO_4）。

5.1.6　氢氧化钠（NaOH）。

5.2　溶液配制

5.2.1　2.5 mol/L 氢氧化钠溶液：取氢氧化钠 50 g，加水溶解并稀释至 500 mL。

5.2.2　30%乙腈溶液：取乙腈 30 mL，用水稀释至 100 mL。

5.2.3　0.05 mol/L 磷酸盐缓冲溶液（pH＝8.5）：取磷酸二氢钾 6.8 g，用水溶解并稀释至 1 000 mL，用 2.5 moL/L 氢氧化钠溶液调节 pH 至 8.5。

5.2.4　0.1%甲酸溶液：取甲酸 1 mL，用水稀释至 1 000 mL。

5.2.5　0.1%甲酸溶液-甲醇（95∶5）：取 0.1%甲酸溶液 95 mL、甲醇 5 mL，混匀。

5.3　标准品

头孢氨苄、头孢拉定、头孢唑林、头孢哌酮、头孢乙腈、头孢匹林、去乙酰基头孢匹林，头孢洛宁、头孢喹肟、头孢噻肟标准品,含量均≥95%,具体见附录A。

5.4 标准溶液制备

5.4.1 标准储备液:取标准品各10 mg,精密称量,分别用30%乙腈溶液适量使溶解并稀释定容至25 mL容量瓶,配制成浓度为400 μg/mL的标准储备液。于−18 ℃避光保存,有效期1个月。

5.4.2 混合标准储备液:分别准确移取各标准储备液0.25 mL于10 mL容量瓶中,用30%乙腈溶液稀释至刻度,配制成浓度为10 μg/mL的混合标准储备液。于−18 ℃避光保存,有效期7 d。

5.4.3 混合标准工作液:准确移取混合标准储备液适量,用0.1%甲酸溶液-甲醇(95∶5)稀释成浓度为2.5 μg/L、5.0 μg/L、20 μg/L、100 μg/L、200 μg/L和500 μg/L的系列混合标准工作溶液。现用现配。

5.5 材料

5.5.1 固相萃取柱:亲水亲脂平衡型固相萃取柱,500 mg/6 mL,或相当者。

5.5.2 针头式过滤器:尼龙材质,孔径0.22 μm或性能相当者。

6 仪器和设备

6.1 液相色谱-串联质谱仪:配电喷雾离子源。

6.2 分析天平:感量0.000 01 g和0.01 g。

6.3 氮吹仪。

6.4 固相萃取装置。

6.5 涡旋混合器。

6.6 离心管:聚丙烯塑料离心管,10 mL、50 mL。

6.7 pH计。

7 试样的制备与保存

7.1 试样的制备

取适量新鲜或解冻的空白或供试样品,并均质。

a) 取均质后的供试样品,作为供试试样;

b) 取均质后的空白样品,作为空白试样;

c) 取均质后的空白样品,添加适宜浓度的标准工作液,作为空白添加试样。

7.2 试样的保存

−18 ℃以下保存。

8 测定步骤

8.1 提取

取牛奶、羊奶试料5 g(准确至±0.05 g)或奶粉试料0.5 g(准确至±0.01 g),于50 mL离心管,加磷酸盐缓冲溶液20 mL,涡旋混匀30 s,用2.5 mol/L氢氧化钠溶液调节pH至8.5,备用。

8.2 净化

取固相萃取柱,依次用甲醇5 mL、磷酸盐缓冲溶液10 mL活化。取备用液,过柱,待液面到达柱床表面时再依次用磷酸盐缓冲溶液3 mL和水2 mL淋洗,弃去全部流出液。用乙腈3 mL洗脱,收集洗脱液于10 mL离心管中,加正己烷3 mL,涡旋混合1 min,静置5 min,弃去上层正己烷层,取乙腈层在40 ℃水浴氮气吹干,加0.1%甲酸溶液-甲醇(95∶5)1.0 mL溶解,过0.22 μm滤膜,供液相色谱-串联质谱测定。

8.3 基质匹配标准曲线的制备

取空白试料依次按8.1和8.2处理,40 ℃水浴氮气吹干,分别加系列混合标准工作溶液1.0 mL溶解残渣,过0.22 μm滤膜,制备2.5 μg/L、5.0 μg/L、20 μg/L、100 μg/L、200 μg/L和500 μg/L的系列基质匹配标准工作溶液,供液相色谱-串联质谱测定。以定量离子对峰面积为纵坐标、标准溶液浓度为横坐标,绘制标准曲线。求回归方程和相关系数。

8.4 测定

8.4.1 液相色谱参考条件

a) 色谱柱：C_{18}色谱柱（100 mm×2.0 mm，1.7 μm）或相当者；

b) 流动相：A 为 0.1%甲酸溶液，B 为甲醇，梯度洗脱程序见表 1；

c) 流速：0.3 mL/min；

d) 柱温：35 ℃；

e) 进样量：10 μL。

表 1 流动相梯度洗脱条件

时间 min	A %	B %
0	95	5
1.0	95	5
4.5	50	50
6.0	50	50
6.1	95	5
7.5	95	5

8.4.2 质谱参考条件

a) 离子源：电喷雾（ESI）离子源；

b) 扫描方式：正离子扫描；

c) 检测方式：多反应监测（MRM）；

d) 毛细管电压：2 000 V；

e) RF 透镜电压：0.5 V；

f) 离子源温度：150 ℃；

g) 脱溶剂气温度：500 ℃；

h) 锥孔气流速：50 L/h；

i) 脱溶剂气流速：1 000 L/h；

j) 二级碰撞气：氩气；

k) 定性离子对、定量离子对、碰撞能量和锥孔电压见表 2。

表 2 定性离子对、定量子离子对、碰撞能量和锥孔电压

化合物名称	定性离子对（碰撞能量） m/z(eV)	定量离子对（碰撞能量） m/z(eV)	锥孔电压 V
头孢氨苄	348.1/106.0(32) 348.1/158.0(10)	348.1/158.0(10)	26
头孢拉定	350.2/157.9(12) 350.2/176.0(12)	350.2/176.0(12)	24
头孢乙腈	362.0/178.0(14) 362.0/258.0(10)	362.0/258.0(10)	24
头孢唑林	455.0/156.0(16) 455.0/323.0(10)	455.0/323.0(10)	4
头孢哌酮	646.2/143.0(38) 646.2/530.1(10)	646.2/143.0(38)	28
头孢匹林	424.1/151.9(22) 424.1/292.0(12)	424.1/151.9(22)	28
头孢洛宁	459.1/151.9(18) 459.1/337.0(8)	459.1/151.9(18)	12

表 2（续）

化合物名称	定性离子对(碰撞能量) m/z(eV)	定量离子对(碰撞能量) m/z(eV)	锥孔电压 V
头孢喹肟	529.2/134.0(14) 529.2/396.0(12)	529.2/134.0(14)	34
去乙酰基头孢匹林	382.1/111.8(20) 382.1/151.9(26)	382.1/151.9(26)	32
头孢噻肟	456.0/167.0(18) 456.0/396.0(8)	456.0/167.0(18)	22

8.4.3 测定法

取试料溶液和基质匹配标准溶液，作单点或多点校准，按外标法以色谱峰面积定量。基质匹配标准溶液及试料溶液中目标药物的特征离子质量色谱峰峰面积均应在仪器检测的线性范围之内，如超出线性范围，应将基质匹配标准溶液和试料溶液作相应稀释后重新测定。试料溶液中待测物质的保留时间与基质匹配标准工作液中待测物质的保留时间之比，偏差在±2.5%以内，且试料溶液中的离子相对丰度与基质匹配标准溶液中的离子相对丰度相比，符合表3的要求，则可判定为样品中存在对应的待测物质。标准溶液多反应监测色谱图见附录B。

表 3 定性确证时相对离子丰度的允许偏差

单位为百分号

相对离子丰度	允许偏差
>50	±20
>20～50	±25
>10～20	±30
≤10	±50

8.5 空白试验

取空白试料，除不加药物外，采用完全相同的测定步骤进行平行操作。

9 结果计算和表述

试样中待测药物的残留量按标准曲线或公式(1)计算。

$$X=\frac{C_s \times A \times V \times 1000}{A_s \times m \times 1000} \quad \cdots\cdots (1)$$

式中：

X ——试样中待测药物残留量的数值，单位为微克每千克(μg/kg)；

C_s ——标准溶液中待测药物浓度的数值，单位为微克每升(μg/L)；

A ——试样溶液中待测药物的峰面积；

V ——定容体积的数值，单位为毫升(mL)；

A_s ——标准溶液中待测药物的峰面积；

m ——试样质量的数值，单位为克(g)；

1 000——换算系数。

注：头孢匹林残留量以头孢匹林和去乙酰基头孢匹林之和计。

10 检测方法的灵敏度、准确度和精密度

10.1 灵敏度

本方法中头孢哌酮、头孢乙腈和头孢唑林在奶和奶粉中的检测限分别为2.0 μg/kg和20 μg/kg，定量限分别为4.0 μg/kg和40 μg/kg；其余头孢类药物和去乙酰基头孢匹林在奶和奶粉中的检测限分别为

0.5 μg/kg 和 5 μg/kg,定量限分别为 1.0 μg/kg 和 10 μg/kg。

10.2 准确度

本方法在 1.0 μg/kg～200 μg/kg 添加浓度水平上的回收率为 60%～120%。

10.3 精密度

本方法的批内相对标准偏差≤15%,批间相对标准偏差≤20%。

附 录 A
(资料性)
头孢类药物和去乙酰基头孢匹林的英文名称、分子式和CAS号

头孢类药物和去乙酰基头孢匹林的英文名称、分子式和CAS号见表A.1。

表A.1 头孢类药物和去乙酰基头孢匹林的英文名称、分子式和CAS号

化合物	英文名称	分子式	CAS号
头孢氨苄	Cefalexin	$C_{16}H_{17}N_3O_4S$	15686-71-2
头孢拉定	Cefradine	$C_{16}H_{19}N_3O_4S$	38821-53-3
头孢乙腈	Cefacetrile	$C_{13}H_{13}N_3O_6S$	10206-21-0
头孢唑林	Cefazolin	$C_{14}H_{14}N_8O_4S_3$	25953-19-9
头孢哌酮	Cefoperazone	$C_{25}H_{27}N_9O_8S_2$	62893-19-0
头孢匹林	Cefapirin	$C_{17}H_{17}N_3O_6S_2$	21593-23-7
头孢洛宁	Cefalonium	$C_{20}H_{18}N_4O_5S_2$	5575-21-3
头孢喹肟	Cefquinome	$C_{23}H_{24}N_6O_5S_2$	84957-30-2
去乙酰基头孢匹林	Desacetyl Cefapirin	$C_{15}H_{15}N_3O_5S_2$	38115-21-8
头孢噻肟	Cefotaxime	$C_{16}H_{17}N_5O_7S_2$	63527-52-6

附 录 B
（资料性）
头孢类药物和去乙酰基头孢匹林标准溶液 MRM 色谱图

头孢类药物和去乙酰基头孢匹林标准溶液 MRM 色谱图见图 B.1。

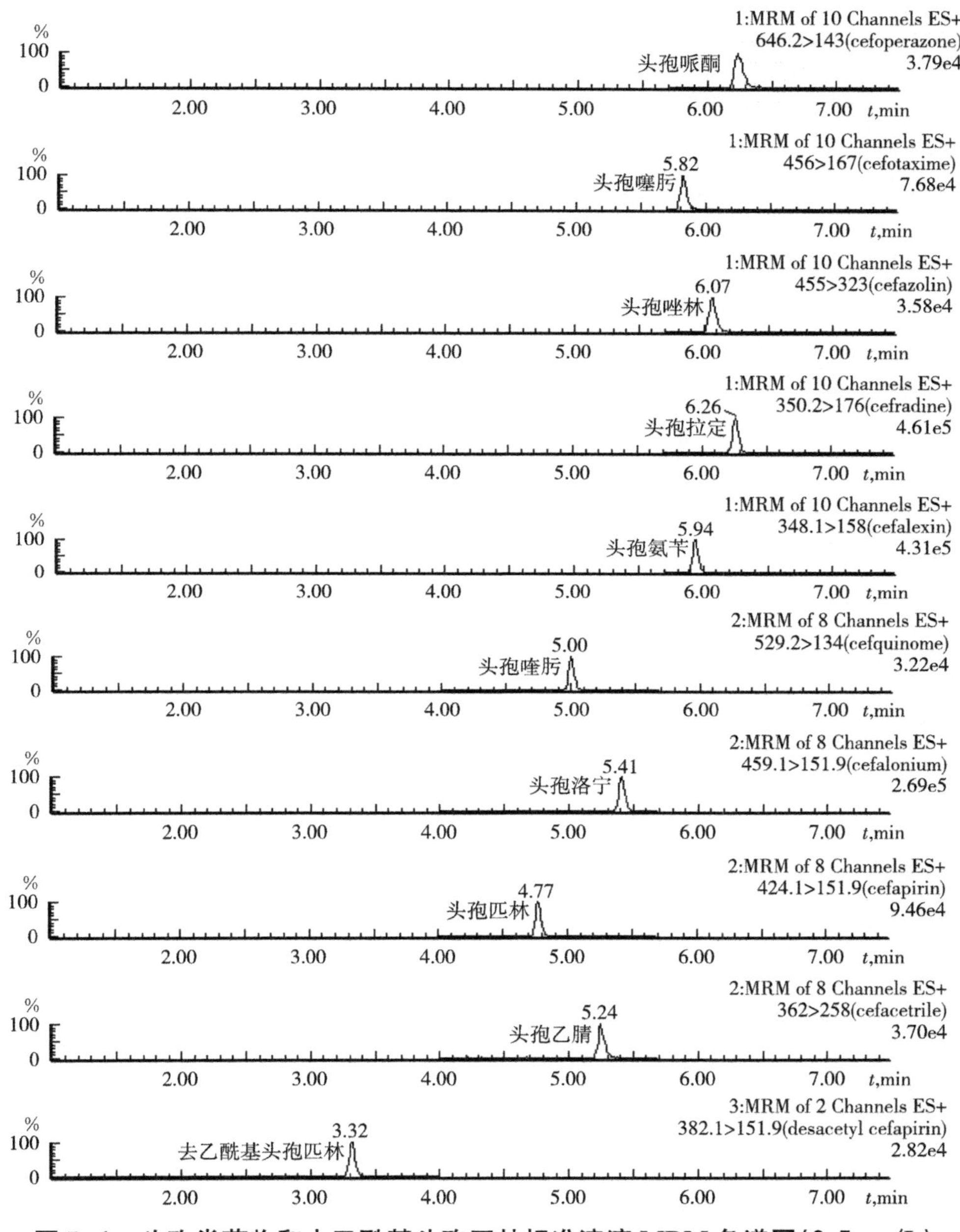

图 B.1 头孢类药物和去乙酰基头孢匹林标准溶液 MRM 色谱图(2.5 μg/L)

ICS 67.100
CCS X 16

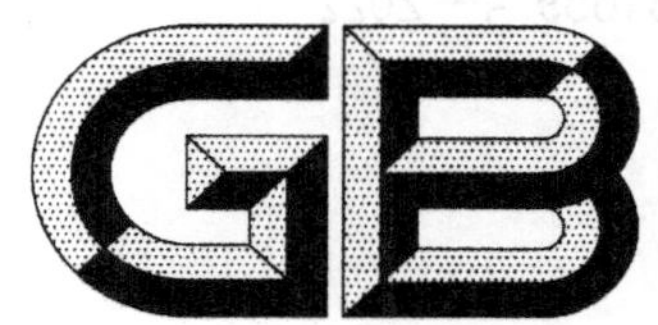

中华人民共和国国家标准

GB 31659.4—2022
代替 GB/T 22968—2008

食品安全国家标准
奶及奶粉中阿维菌素类药物残留量的测定
液相色谱-串联质谱法

National food safety standard—
Determination of avermectins residues in milk and milk powder by liquid chromatography-tandem mass spectrometric method

2022-09-20 发布　　　　2023-02-01 实施

中华人民共和国农业农村部
中华人民共和国国家卫生健康委员会　发布
国家市场监督管理总局

前　言

本文件按照 GB/T 1.1—2020《标准化工作导则　第 1 部分：标准化文件的结构和起草规则》的规定起草。

本文件代替 GB/T 22968—2008《牛奶和奶粉中伊维菌素、阿维菌素、多拉菌素和乙酰氨基阿维菌素残留量的测定　液相色谱-串联质谱法》，与 GB/T 22968—2008 相比，除结构调整和编辑性改动外，主要变化如下：

——标准文本格式修改为食品安全国家标准文本格式；

——标准范围中增加了羊奶的检测；

——标准测定物质改为各药物的残留标志物；

——标准灵敏度进一步提高。

本文件及其所代替文件的历次版本发布情况为：

——GB/T 22968—2008。

食品安全国家标准
奶及奶粉中阿维菌素类药物残留量的测定　液相色谱-串联质谱法

1　范围

本文件规定了奶及奶粉中阿维菌素类药物残留检测的制样和液相色谱-串联质谱测定方法。

本文件适用于牛奶、羊奶和奶粉中阿维菌素(以阿维菌素 B1a 计)、伊维菌素(以 22,23-二氢阿维菌素 B1a 计)、多拉菌素和乙酰氨基阿维菌素(以乙酰氨基阿维菌素 B1a 计)单个或多个药物的残留检测。

2　规范性引用文件

下列文件中的内容通过文中的规范性引用而构成本文件必不可少的条款。其中,注日期的引用文件,仅该日期对应的版本适用于本文件;不注日期的引用文件,其最新版本(包括所有的修改单)适用于本文件。

GB/T 6682　分析实验室用水规格和试验方法

3　术语和定义

本文件没有需要界定的术语和定义。

4　原理

试料中残留的阿维菌素类药物,用乙腈提取,C_{18}固相萃取柱净化,液相色谱-串联质谱测定,基质匹配标准溶液外标法定量。

5　试剂和材料

5.1　试剂

以下所用试剂,除特别注明外均为分析纯试剂,水为符合 GB/T 6682 规定的一级水。

5.1.1　乙腈(CH_3CN):色谱纯。

5.1.2　甲醇(CH_3OH):色谱纯。

5.1.3　甲酸(CH_2O_2):色谱纯。

5.1.4　三乙胺($C_6H_{15}N$)。

5.1.5　异辛烷(C_8H_{18})。

5.2　溶液配制

5.2.1　0.1%甲酸乙腈溶液:取甲酸 1 mL,用乙腈稀释至 1 000 mL。

5.2.2　0.1%甲酸溶液:取甲酸 1 mL,用水稀释至 1 000 mL。

5.2.3　淋洗溶液:取乙腈 30 mL、水 70 mL 和三乙胺 20 μL,混匀。

5.2.4　50%乙腈溶液:取乙腈 50 mL,用水稀释至 100 mL。

5.3　标准品

阿维菌素(Avermectin,$C_{48}H_{72}O_{14}\cdot C_{47}H_{70}O_{14}$,CAS 号:71751-41-2),含量≥98.0%;伊维菌素(Ivermectin,$C_{48}H_{74}O_{14}$,CAS 号:70288-86-7),含量≥98.0%;多拉菌素(Doramectin,$C_{50}H_{74}O_{14}$,CAS 号:117704-25-3),含量≥94.3%;乙酰氨基阿维菌素(Eprinomectin,$C_{50}H_{75}NO_{14}$,CAS 号:123997-26-2),含量≥98.0%。

5.4　标准溶液的制备

5.4.1　阿维菌素类药物标准储备液:精密称取阿维菌素(以阿维菌素 B1a 计)、伊维菌素(以 22,23-二氢阿维菌素 B1a 计)、多拉菌素和乙酰氨基阿维菌素(以乙酰氨基阿维菌素 B1a 计)标准品各约 10 mg,于不同的 10 mL 容量瓶中,用乙腈溶解并定容至刻度,配制成浓度为 1 mg/mL 的阿维菌素 B1a、22,23-二氢阿维菌素 B1a、多拉菌素和乙酰氨基阿维菌素 B1a 标准储备液。−18 ℃以下保存,有效期 12 个月。

5.4.2 阿维菌素类药物标准工作液:精密量取 1 mg/mL 的阿维菌素 B1a、22,23-二氢阿维菌素 B1a、多拉菌素和乙酰氨基阿维菌素 B1a 标准储备液 100 μL,于不同的 10 mL 容量瓶中,用乙腈稀释至刻度,配制成浓度为 10 μg/mL 的阿维菌素 B1a、22,23-二氢阿维菌素 B1a、多拉菌素和乙酰氨基阿维菌素 B1a 标准工作液。−18 ℃以下保存,有效期 6 个月。

5.5 材料

5.5.1 C_{18}固相萃取柱:500 mg/6 mL,或相当者。

5.5.2 亲水聚四氟乙烯微孔滤膜:0.22 μm。

6 仪器和设备

6.1 液相色谱-串联质谱仪:配有电喷雾离子源(ESI)。

6.2 分析天平:感量 0.000 01 g 和 0.01 g。

6.3 涡旋混合器。

6.4 高速离心机。

6.5 氮吹仪。

6.6 水平振荡器。

7 试样的制备与保存

7.1 试样的制备

取适量新鲜或解冻的空白或供试牛奶或羊奶及奶粉,混合均匀。

a) 取均质后的供试样品,作为供试试样;

b) 取均质后的空白样品,作为空白试样;

c) 取均质后的空白样品,添加适宜浓度的标准工作液,作为空白添加试样。

7.2 试样的保存

牛奶和羊奶:冷藏避光或−18 ℃以下保存。

奶粉:阴凉干燥处保存。

8 测定步骤

8.1 提取

称取牛奶或羊奶 2 g(准确至±0.05 g)或奶粉 0.5 g(准确至±0.01 g)于 50 mL 离心管中,加乙腈 8 mL,涡旋后 200 r/min 水平振荡 5 min,8 000 r/min 离心 8 min,转移上清液至另一 50 mL 离心管中,加水 10 mL、三乙胺 25 μL,混匀,备用。

8.2 净化与浓缩

C_{18}固相萃取柱依次用乙腈 5 mL 和淋洗溶液 5 mL 活化,取备用液过柱,用淋洗溶液 5 mL 淋洗,抽干;再用异辛烷 5 mL 淋洗,抽干;用乙腈 5 mL 洗脱,收集洗脱液于 10 mL 试管中,于 50 ℃下氮气吹干。残余物中加入 50%乙腈溶液 1.0 mL,充分溶解。过微孔滤膜后供液相色谱-串联质谱仪测定。

8.3 基质匹配标准曲线的制备

精密量取阿维菌素类标准工作液适量,用 50%乙腈水溶液稀释成含阿维菌素 B1a、22,23-二氢阿维菌素B1a、多拉菌素和乙酰氨基阿维菌素 B1a 浓度分别为 0.5 ng/mL、1 ng/mL、2 ng/mL、5 ng/mL、10 ng/mL、20 ng/mL、50 ng/mL、100 ng/mL 和 400 ng/mL 的系列标准工作液(牛奶或羊奶用 0.5 ng/mL、1 ng/mL、2 ng/mL、5 ng/mL、10 ng/mL、20 ng/mL 和 50 ng/mL 浓度点,奶粉用 2 ng/mL、

5 ng/mL、10 ng/mL、20 ng/mL、50 ng/mL、100 ng/mL 和 400 ng/mL 浓度点），从中各取 1.0 mL，分别加入空白试料经提取、净化和吹干后的残余物中，充分溶解，作为基质匹配标准溶液，过微孔滤膜后上机测定。以特征离子质量色谱峰面积为纵坐标、基质匹配标准溶液浓度为横坐标，绘制标准曲线。

8.4 测定

8.4.1 液相色谱参考条件

a) 色谱柱：C_{18}（50 mm×2.1mm，1.7 μm），或性能相当者。

b) 流动相：A 为 0.1%甲酸溶液，B 为 0.1%甲酸乙腈溶液。流动相梯度：0 min～1 min 保持 70%B；1 min～3 min，70%B 线性变化到 100%B；3 min～4 min 保持 100%B；4 min～6 min 保持 70%B。

c) 流速：0.4 mL/min。

d) 进样量：5 μL。

e) 柱温：30 ℃。

8.4.2 串联质谱参考条件

a) 离子源：电喷雾离子源；

b) 扫描方式：正离子扫描；

c) 检测方式：多反应离子监测（MRM）；

d) 电喷雾电压：5 500 V；

e) 离子源温度：500 ℃；

f) 辅助气 1：50 psi；

g) 辅助气 2：50 psi；

h) 气帘气：30 psi；

i) 碰撞气：Medium。

j) 待测药物定性、定量离子对和对应的去簇电压、碰撞能量参考值见表 1。

表 1 待测药物定性、定量离子对和对应的去簇电压、碰撞能量参考值

药物	定性离子对 *m/z*	定量离子对 *m/z*	去簇电压 V	碰撞能量 eV
阿维菌素 B1a	895.5＞751.4	895.5＞751.4	50	60
	895.5＞449.1			60
22,23-二氢阿维菌素 B1a	897.5＞753.2	897.5＞753.2	50	55
	897.5＞329.2			70
多拉菌素	921.5＞353.2	921.5＞449.1	50	70
	921.5＞449.1			60
乙酰氨基阿维菌素 B1a	936.5＞490.1	936.5＞490.1	55	70
	936.5＞352.1			75

8.4.3 测定法

试样溶液的保留时间在基质匹配标准溶液保留时间的±2.5%之内。试样溶液中的离子相对丰度与基质匹配标准溶液中的离子相对丰度相比，符合表 2 的要求。

取基质匹配标准溶液和试样溶液，作单点或多点校准，按外标法，以峰面积计算。基质匹配标准溶液及试样溶液中阿维菌素类药物的峰面积均应在仪器检测的线性范围之内，超出线性范围时进行适当倍数稀释后再进行分析。基质匹配标准溶液中特征离子质量色谱图见附录 A。

表 2 试样溶液中离子相对丰度的允许偏差范围

单位为百分号

相对丰度	允许偏差
＞50	±20

表 2（续）

相对丰度	允许偏差
>20～50	±25
>10～20	±30
≤10	±50

8.5 空白试验

取空白试料，除不添加药物外，采用完全相同的测定步骤进行平行操作。

9 结果计算和表述

试样中阿维菌素类药物的残留量按标准曲线或公式(1)计算。

$$X = \frac{C \times A \times V \times 1000}{A_s \times m \times 1000} \quad \cdots\cdots (1)$$

式中：

X ——试样中阿维菌素类药物残留量的数值，单位为微克每千克(μg/kg)；

C ——基质匹配标准溶液中阿维菌素类药物浓度的数值，单位为纳克每毫升(ng/mL)；

A ——试样溶液中阿维菌素类药物的峰面积；

V ——溶解残余物所用溶液体积的数值，单位为毫升(mL)；

A_s ——基质匹配标准溶液中阿维菌素类药物的峰面积；

m ——试样质量的数值，单位为克(g)；

1 000——换算系数。

10 检测方法的灵敏度、准确度和精密度

10.1 灵敏度

本方法对牛奶或羊奶的检测限为 0.2 μg/kg，定量限为 0.5 μg/kg；对奶粉的检测限为 1μg/kg，定量限为 4 μg/kg。

10.2 准确度

本方法牛奶中阿维菌素 B1a 在 0.5 μg/kg～5 μg/kg、22，23-二氢阿维菌素 B1a 在 0.5 μg/kg～20 μg/kg、多拉菌素在 0.5 μg/kg～30 μg/kg、乙酰氨基阿维菌素 B1a 在 0.5 μg/kg～40 μg/kg 添加浓度水平上，羊奶中阿维菌素类药物在 0.5 μg/kg～5 μg/kg 添加浓度水平上，以及奶粉中阿维菌素 B1a 在 4 μg/kg～40 μg/kg、22，23-二氢阿维菌素 B1a 在 4 μg/kg～160 μg/kg、多拉菌素在 4 μg/kg～240 μg/kg、乙酰氨基阿维菌素 B1a 在 4 μg/kg～320 μg/kg 添加浓度水平上的回收率均为 60%～120%。

10.3 精密度

本方法批内相对标准偏差≤15%，批间相对标准偏差≤20%。

附 录 A
（资料性）
阿维菌素类药物特征离子色谱图

空白牛奶基质匹配标准溶液中阿维菌素类药物特征离子色谱图见图 A.1。

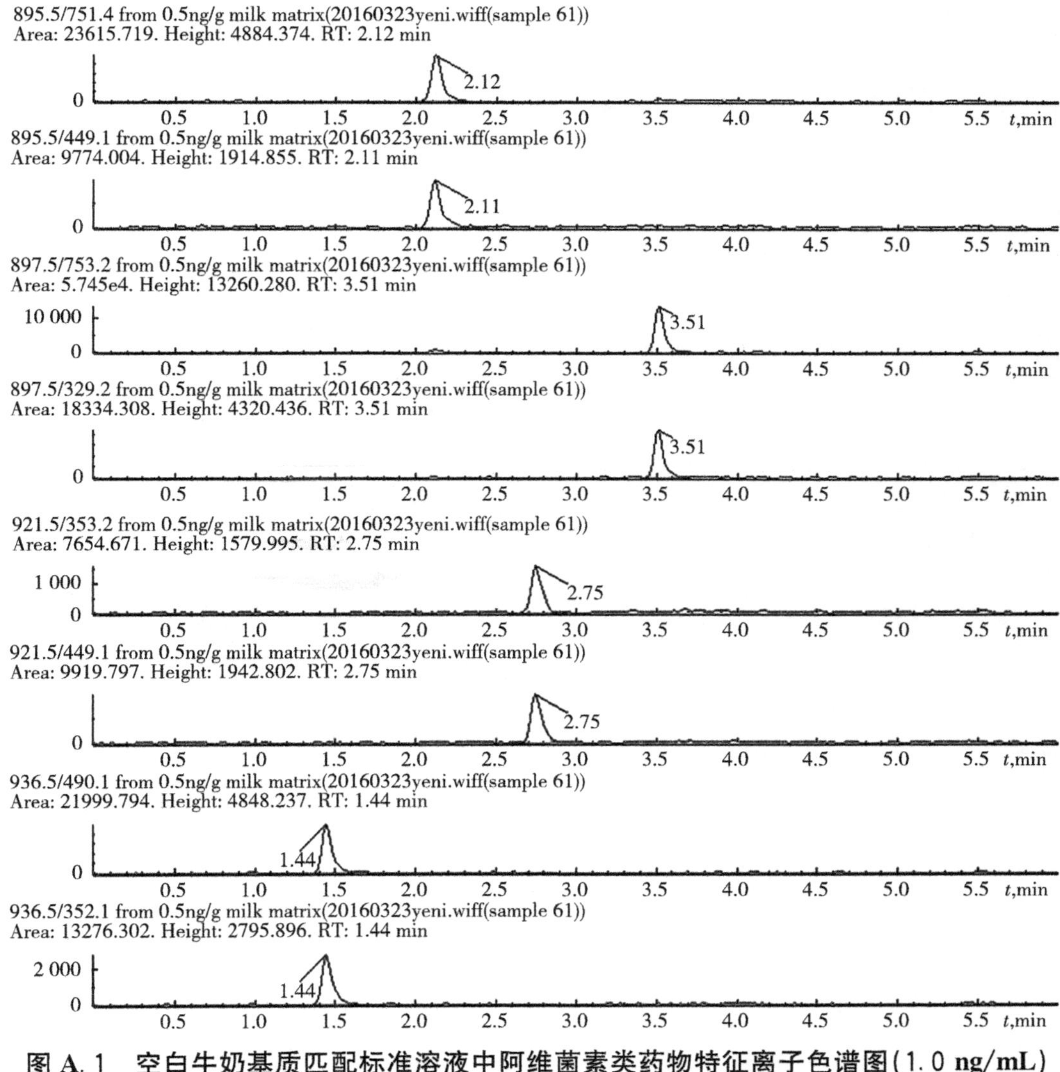

图 A.1 空白牛奶基质匹配标准溶液中阿维菌素类药物特征离子色谱图(1.0 ng/mL)

注：阿维菌素 B1a 特征离子(895.5>751.4，895.5>449.1)；22，23-二氢阿维菌素 B1a(897.5>753.2，897.5>329.2)；多拉菌素(921.5>353.2，921.5>449.1)；乙酰氨基阿维菌素 B1a(936.5>490.1，936.5>352.1)。

ICS 67.100
CCS X 16

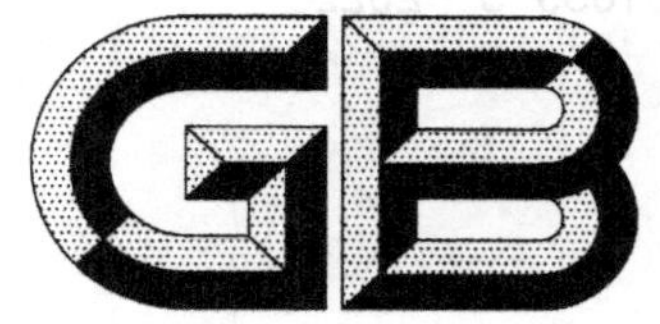

中华人民共和国国家标准

GB 31659.5—2022

食品安全国家标准
牛奶中利福昔明残留量的测定
液相色谱-串联质谱法

National food safety standard—
Determination of rifaximin residue in milk
by liquid chromatography–tandem mass spectrometric method

2022-09-20 发布　　2023-02-01 实施

中华人民共和国农业农村部
中华人民共和国国家卫生健康委员会　发布
国家市场监督管理总局

前　言

本文件按照 GB/T 1.1—2020《标准化工作导则　第 1 部分:标准化文件的结构和起草规则》的规定起草。

本文件系首次发布。

食品安全国家标准
牛奶中利福昔明残留量的测定　液相色谱-串联质谱法

1　范围

本文件规定了牛奶中利福昔明残留检测的制样和液相色谱-串联质谱测定方法。

本文件适用于牛奶中利福昔明残留量的测定。

2　规范性引用文件

下列文件中的内容通过文中的规范性引用而构成本文件必不可少的条款。其中，注日期的引用文件，仅该日期对应的版本适用于本文件；不注日期的引用文件，其最新版本（包括所有的修改单）适用于本文件。

GB/T 6682　分析实验室用水规格和试验方法

3　术语和定义

本文件没有需要界定的术语和定义。

4　原理

试料中残留的利福昔明经乙腈提取后，用固相萃取柱净化，液相色谱-串联质谱法测定，基质匹配标准溶液外标法定量。

5　试剂和材料

5.1　试剂

除另有规定外，所有试剂均为分析纯，水为符合 GB/T 6682 规定的一级水。

5.1.1　乙腈（CH_3CN）：色谱纯。

5.1.2　甲酸（CH_2O_2）：色谱纯。

5.1.3　无水硫酸钠（Na_2SO_4）。

5.2　溶液配制

5.2.1　20%乙腈溶液：取 20 mL 乙腈，用水稀释至 100 mL。

5.2.2　0.1%甲酸乙腈溶液：取 1 mL 甲酸，用乙腈稀释至 1 000 mL。

5.2.3　0.1%甲酸溶液：取 1 mL 甲酸，用水稀释至 1 000 mL。

5.3　标准品

利福昔明（Rifaximin，$C_{43}H_{51}N_3O_{11}$，CAS 号：80621-81-4），含量≥94.0%。

5.4　标准溶液的制备

5.4.1　标准储备液：取利福昔明标准品约 10 mg，精密称定，于 10 mL 容量瓶中，用乙腈溶解并稀释至刻度，配制成浓度为 1.0 mg/mL 的利福昔明标准储备液。−18 ℃以下保存，有效期 6 个月。

5.4.2　标准中间液：精密量取利福昔明标准储备液 0.1 mL，于 10 mL 容量瓶中，用乙腈稀释至刻度，配制浓度为 10 μg/mL 的标准中间液。2 ℃～8 ℃保存，有效期 3 个月。

5.4.3　标准工作液：精密量取利福昔明标准中间液 0.1 mL，于 10 mL 容量瓶中，用 20%乙腈溶液稀释至刻度，配制浓度为 100 ng/mL 的标准工作液。2 ℃～8 ℃保存，有效期 3 个月。

5.5　材料

5.5.1　亲水亲脂固相萃取柱：500 mg/6 mL，或相当者。

5.5.2 亲水型微孔滤膜：0.22 μm。

6 仪器和设备

6.1 液相色谱-串联质谱仪：配有电喷雾离子源(ESI)。

6.2 分析天平：感量 0.000 01 g。

6.3 天平：感量 0.01 g。

6.4 涡旋混合器。

6.5 高速离心机。

6.6 氮吹仪。

6.7 水平振荡器。

7 试样的制备与保存

7.1 试样的制备

取适量新鲜或解冻的空白或供试样品，混匀。

a) 取混匀后的供试样品，作为供试试样；

b) 取混匀后的空白样品，作为空白试样；

c) 取混匀后的空白样品，添加适宜浓度的标准工作液，作为空白添加试样。

7.2 试样的保存

−18 ℃以下保存。

8 测定步骤

8.1 提取

称取试料 2 g(准确至±0.05 g)，置于 50 mL 离心管内，加入 8 mL 乙腈，再加无水硫酸钠 2 g，涡旋后，200 r/min 水平振荡 10 min。6 000 r/min 离心 8 min，取上清液，备用。

8.2 净化与浓缩

亲水亲脂固相萃取柱用 5 mL 乙腈活化后，取备用液过柱，并接于 15 mL 玻璃管内，再用 3 mL 乙腈一并洗脱于同一玻璃管内，挤干，于 50 ℃氮气吹干。残余物用 20%乙腈溶液 1.0 mL 溶解后，过 0.22 μm 微孔滤膜后上机测定。

8.3 基质匹配标准曲线的制备

在空白试料经提取、净化、氮气吹干后的残余物中，依次加入用 20%乙腈溶液配制的浓度为 10 ng/mL、20 ng/mL、50 ng/mL、100 ng/mL、200 ng/mL 系列标准溶液各 1.0 mL，充分溶解，得到基质匹配标准溶液，过滤膜后上机测定。以特征离子质量色谱峰面积为纵坐标、基质匹配标准溶液浓度为横坐标，绘制标准曲线。

8.4 测定

8.4.1 液相色谱参考条件

a) 色谱柱：C_{18}(50 mm×2.1 mm，1.7 μm)，或性能相当者。

b) 流动相：A 为 0.1%甲酸乙腈溶液，B 为 0.1%甲酸溶液。梯度洗脱程序：0 min～3 min，30%A 线性变化至 80%A；3 min～4.5 min 保持 30%A。

c) 流速：0.3 mL/min。

d) 进样量：10 μL。

e) 柱温：30 ℃。

8.4.2 串联质谱参考条件

a) 离子源：电喷雾离子源；

b) 扫描方式：正离子扫描；

c) 检测方式：多反应离子监测(MRM)；

d) 电离电压：3.0 kV；

e) 源温：110 ℃；

f) 雾化温度：350 ℃；

g) 锥孔气流速：50 L/h；

h) 雾化气流速：650 L/h。

利福昔明定性、定量离子对和对应的锥孔电压、碰撞能量参考值见表1。

表1 利福昔明定性、定量离子对和对应的锥孔电压、碰撞能量

药 物	定性离子对 m/z	定量离子对 m/z	锥孔电压 V	碰撞能量 eV
利福昔明	786.6>754.7	786.6>754.7	30	30
	786.6>150.8			50

8.4.3 测定法

试样溶液的保留时间在基质匹配标准溶液保留时间的±2.5%之内。试样溶液中的离子相对丰度与基质匹配标准溶液中的离子相对丰度相比，符合表2的要求。

表2 试样溶液中离子相对丰度的允许偏差范围

单位为百分号

相对丰度	允许偏差
>50	±20
20～50	±25
10～20	±30
≤10	±50

取基质匹配标准溶液和试样溶液，作单点或多点校准，按外标法，以峰面积计算。基质匹配标准溶液及试样溶液中利福昔明的峰面积应在仪器检测的线性范围之内，超出线性范围时应进行适当倍数稀释后再进行分析。基质匹配标准溶液中特征离子质量色谱图见附录A中图A。

8.5 空白试验

取空白试料，除不加药物外，采用完全相同的测定步骤进行测定。

9 结果计算和表述

试样中利福昔明的残留量按标准曲线或公式(1)计算。

$$X=\frac{C\times A\times V\times 1000}{A_s\times m\times 1000} \quad \cdots\cdots (1)$$

式中：

X ——试样中利福昔明残留量的数值，单位为微克每千克(μg/kg)；

C ——基质匹配标准溶液中利福昔明浓度的数值，单位为纳克每毫升(ng/mL)；

A ——试样溶液中利福昔明的峰面积；

V ——溶解残余物所用溶液体积的数值，单位为毫升(mL)；

A_s ——基质匹配标准溶液中利福昔明的峰面积；

m ——试样质量的数值，单位为克(g)；

1 000——换算系数。

10 检测方法的灵敏度、准确度和精密度

10.1 灵敏度

利福昔明在牛奶中的检测限为 5 μg/kg,定量限为 10 μg/kg。

10.2 准确度

本方法对于牛奶样品在 10 μg/kg～120 μg/kg 添加浓度上的回收率为 70%～120%。

10.3 精密度

本方法批内相对标准偏差≤15%,批间相对标准偏差≤15%。

附 录 A
（资料性）
利福昔明特征离子质量色谱图

空白牛奶基质匹配标准溶液中利福昔明特征离子质量色谱图见图 A.1。

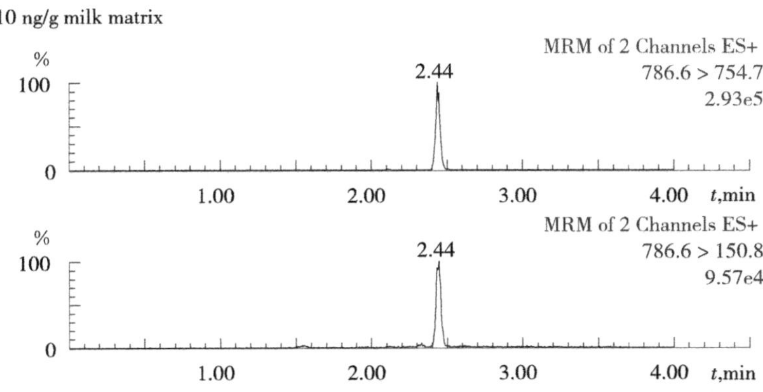

图 A.1　空白牛奶基质匹配标准溶液中利福昔明特征离子质量色谱图(20 ng/mL)

ICS 67.100
CCS X 16

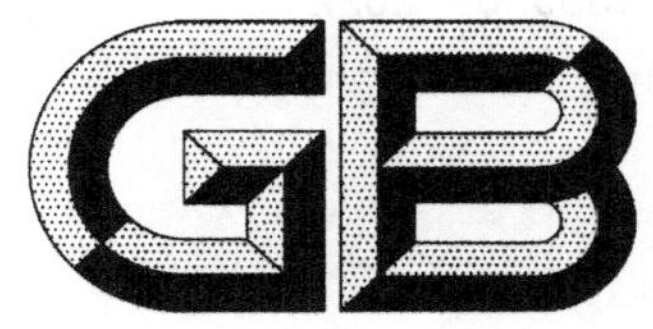

中华人民共和国国家标准

GB 31659.6—2022

食品安全国家标准
牛奶中氯前列醇残留量的测定
液相色谱-串联质谱法

National food safety standard—
Determination of cloprostenol residues in milk—Liquid chromatography-tandem mass spectrometric method

2022-09-20 发布　　2023-02-01 实施

中华人民共和国农业农村部
中华人民共和国国家卫生健康委员会　发布
国家市场监督管理总局

前　言

本文件按照 GB/T 1.1—2020《标准化工作导则　第1部分：标准化文件的结构和起草规则》的规定起草。

本文件系首次发布。

食品安全国家标准
牛奶中氯前列醇残留量的测定　液相色谱-串联质谱法

1　范围

本文件规定了牛奶中氯前列醇残留量检测的制样和液相色谱-串联质谱测定方法。

本文件适用于牛奶中氯前列醇残留量的检测。

2　规范性引用文件

下列文件中的内容通过文中的规范性引用而构成本文件必不可少的条款。其中，注日期的引用文件，仅该日期对应的版本适用于本文件；不注日期的引用文件，其最新版本（包括所有的修改单）适用于本文件。

GB/T 6682　分析实验室用水规格和试验方法

3　术语和定义

本文件没有需要界定的术语和定义。

4　原理

试样中残留的氯前列醇，用乙腈提取，混合阴离子交换固相萃取柱净化，液相色谱-串联质谱负离子模式测定，外标法定量。

5　试剂和材料

以下所用的试剂，除特别注明外均为分析纯试剂；水为符合 GB/T 6682 规定的一级水。

5.1　试剂

5.1.1　乙腈（CH_3CN）：色谱纯。

5.1.2　氨水（$NH_3 \cdot H_2O$）。

5.1.3　甲酸（CH_2O_2）。

5.1.4　无水硫酸钠（Na_2SO_4）。

5.1.5　乙酸铵（CH_3COONH_4）：色谱纯。

5.2　标准品

5.2.1　氯前列醇（Cloprostenol，$C_{22}H_{29}ClO_6$，CAS 号：40665-92-7），含量≥98%。

5.3　溶液配制

5.3.1　0.1%甲酸溶液：取甲酸 1 mL，用水稀释至 1 000 mL，混匀。

5.3.2　5%氨水溶液：取氨水 50 mL，用水稀释至 1 000 mL，混匀。

5.3.3　2%甲酸乙腈溶液：取甲酸 20 mL，用乙腈稀释至 1 000 mL，混匀。

5.3.4　0.1 mol/L 乙酸铵溶液：称取乙酸铵 7.70 g，用水溶解并稀释至 1 000 mL，混匀。

5.3.5　5 mmol/L 乙酸铵溶液：取 0.1 mol/L 乙酸铵溶液 50 mL，用水稀释至 1 000 mL，混匀。

5.3.6　乙腈乙酸铵溶液：取乙腈 30 mL，加 5 mmol/L 乙酸铵溶液至 100 mL，混匀。

5.4　标准溶液制备

5.4.1　标准储备液：取氯前列醇钠对照品约 10 mg，精密称定，加乙腈适量使溶解并稀释定容至 10 mL 容量瓶，配制成浓度为 1 mg/mL 的氯前列醇标准储备液。−18 ℃以下保存，有效期 3 个月。

5.4.2 标准中间液：准确量取标准储备液 0.1 mL，于 10 mL 容量瓶，用乙腈稀释至刻度，配制成浓度为 10 μg/mL 的标准中间液。2 ℃～8 ℃保存，有效期 1 个月。

5.4.3 系列标准工作液：准确量取标准中间液适量，用乙酸铵乙腈稀释配制成浓度为 5 ng/mL、10 ng/mL、20 ng/mL、50 ng/mL、100 ng/mL、500 ng/mL 的系列标准工作溶液。现用现配。

5.5 材料

5.5.1 混合阴离子交换固相萃取柱：60 mg/3 mL 或其性能相当者。

5.5.2 滤膜：0.22 μm，有机相。

5.5.3 离心管：10 mL，50 mL。

6 仪器和设备

6.1 高效液相色谱-串联质谱仪：配有电喷雾离子源（ESI）。

6.2 分析天平：感量 0.01 g 和 0.000 01 g。

6.3 涡旋混合器。

6.4 超声仪。

6.5 冷冻离心机。

6.6 氮吹仪。

6.7 固相萃取装置。

7 试样的制备与保存

7.1 试样的制备

取适量新鲜或解冻的空白或供试试样，并均质。

a） 取均质的供试样品，作为供试试样；

b） 取均质的空白样品，作为空白试样；

c） 取均质的空白样品，添加适宜浓度的标准工作液，作为空白添加试样。

7.2 试样的保存

－18 ℃以下储存。

8 测定步骤

8.1 提取

取试料 2 g（准确至±0.05 g）于 50 mL 离心管中，加乙腈 5 mL，无水硫酸钠 2 g，涡旋混匀，超声提取 10 min，于 4 ℃ 10 000 r/min 离心 10 min，取上清液于 10 mL 离心管中，重复提取 1 次，合并 2 次上清液。40 ℃氮气吹干，残余物用 1 mL 乙腈溶解，加 0.1%甲酸水溶液 3 mL，涡旋混匀，备用。

8.2 净化

取混合阴离子交换固相萃取柱，用乙腈 3 mL 活化，水 3 mL 平衡。取备用液过柱，用 5%氨水溶液 3 mL淋洗，抽干。用 2%甲酸乙腈溶液 3 mL 洗脱，收集洗脱液，40 ℃氮气吹干，残余物用 1 mL 乙腈乙酸铵溶液溶解，用微孔滤膜过滤，供液相色谱-串联质谱测定。

8.3 基质匹配标准曲线的制备

准确量取氯前列醇的标准工作液各 1 mL，分别溶解经提取、净化及吹干后的空白试料残余物，滤膜过滤，配制成氯前列醇浓度为 5 ng/mL、10 ng/mL、20 ng/mL、50 ng/mL、100 ng/mL、500 ng/mL 的系列基质匹配标准溶液，供液相色谱-串联质谱测定，以特征离子质量色谱峰面积为纵坐标、对应的标准溶液浓度为横坐标，绘制标准曲线。求回归方程和相关系数。

8.4 测定

8.4.1 色谱条件参考条件

a) 色谱柱：C_{18} 柱长 150 mm，内径 2.1 mm，粒径 5 μm，或性能相当者；

b) 流动相：A 为 5 mmol/L 乙酸铵溶液；B 为乙腈；

c) 流速：0.3 mL/min；

d) 进样量：5 μL；

e) 柱温：30 ℃；

f) 流动相梯度及洗脱程序见表 1。

表 1 梯度洗脱程序

时间，min	A，%	B，%
0.00	90	10
0.50	90	10
3.00	10	90
6.00	10	90
6.01	90	10
11.00	90	10

8.4.2 质谱参考条件

a) 离子源：电喷雾离子源，负离子模式；

b) 检测方式：多反应监测（MRM）；

c) 鞘气压力（GS1）：344.75 kPa（50 psi）；

d) 辅助气压力（GS2）：344.75 kPa（50 psi）；

e) 碰撞气压力（collision gas）：34.475 kPa（5 psi）；

f) 卷帘气压力（curtain gas）：206.85 kPa（30 psi）；

g) 负离子模式电喷雾电压（IS）：－4 500 V；

h) 雾化温度：500 ℃；

i) 鞘气、辅助气、碰撞气均为高纯氮气。喷雾电压、碰撞能等参数应优化至最优灵敏度；

j) 监测离子参数情况见表 2。

表 2 氯前列醇特征离子参考质谱条件

化合物	定性离子对 m/z	定量离子对 m/z	锥孔电压 V	碰撞能 eV
氯前列醇	423.1>126.8	423.1>126.8	－120	－40
	423.1>189.3			－34

8.4.3 测定法

取试料溶液和基质匹配标准溶液，按 8.4.1 和 8.4.2 设定仪器条件操作，作单点或多点校准，外标法计算。基质匹配标准溶液及试料溶液中目标药物的特征离子质量色谱峰峰面积均应在仪器检测的线性范围之内。试料溶液中待测物质的保留时间与基质匹配标准工作液中待测物质的保留时间之比，偏差在±2.5%以内，且试料溶液中的离子相对丰度与基质匹配标准溶液中的离子相对丰度相比，符合表 3 的要求，则可判定为样品中存在对应的待测物质。相关谱图见附录 A。

表 3 定性确证时相对离子丰度的最大允许偏差

单位为百分号

相对离子丰度	允许的相对偏差
>50	±20
>20～50	±25

表 3 （续）

相对离子丰度	允许的相对偏差
>10～20	±30
≤10	±50

8.5 空白试验

取空白试料，除不加药物外，采用完全相同的测定步骤进行平行操作。

9 结果计算与表述

试样中氯前列醇的残留量按标准曲线或公式(1)计算。

$$X = \frac{A \times C_s \times V}{A_s \times m} \quad \cdots\cdots (1)$$

式中：

X ——试样中氯前列醇残留量的数值，单位为微克每毫升(μg/kg)；

A ——试样溶液中氯前列醇的峰面积；

A_s——基质匹配标准溶液中氯前列醇的峰面积；

C_s——基质匹配标准溶液中氯前列醇浓度的数值，单位为微克每毫升(μg/L)；

V ——试样溶液最终定容体积的数值，单位为毫升(mL)；

m ——供试试样质量的数值，单位为克(g)。

10 检测方法的灵敏度、准确度、精密度

10.1 灵敏度

本方法检测限为 1.5 μg/kg，定量限为 5 μg/kg。

10.2 准确度

本方法在 5 μg/kg～500 μg/kg 添加浓度的水平上其回收率为 80%～120%。

10.3 精密度

本方法的批内相对标准偏差≤15%，批间相对标准偏差≤15%。

附　录　A
（资料性）
氯前列醇标准溶液特征离子质量色谱图

氯前列醇标准溶液特征离子质量色谱图见图 A.1。

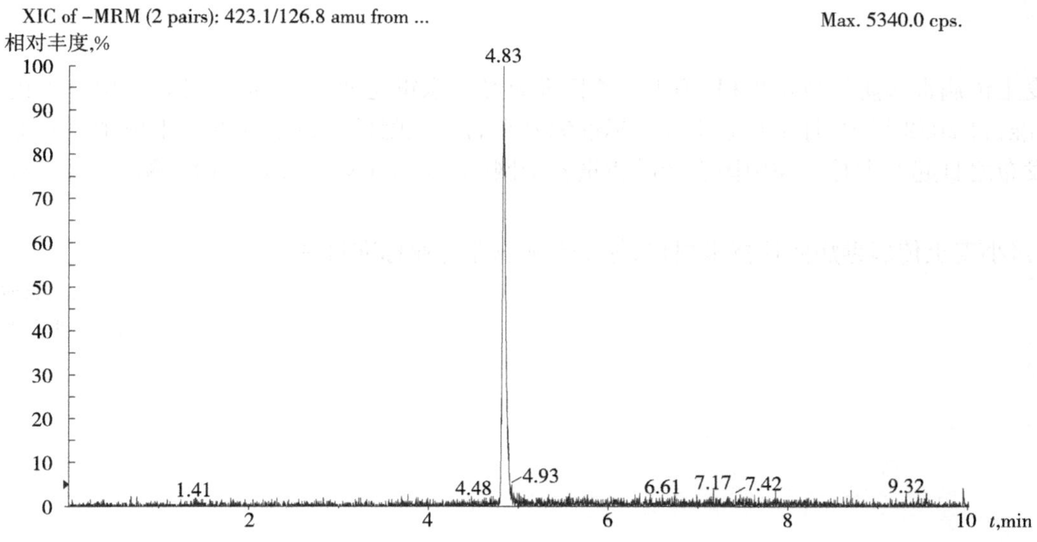

图 A.1　氯前列醇标准溶液特征离子质量色谱图(10 ng/mL)

附录

中华人民共和国农业农村部公告
第 576 号

《小麦土传病毒病防控技术规程》等 135 项标准业经专家审定通过，现批准发布为中华人民共和国农业行业标准，自 2022 年 10 月 1 日起实施。标准编号和名称见附件。该批标准文本由中国农业出版社出版，可于发布之日起 2 个月后在中国农产品质量安全网(http://www.aqsc.org)查阅。特此公告。

附件:《小麦土传病毒病防控技术规程》等 135 项农业行业标准目录

农业农村部

2022 年 7 月 11 日

附件：

《小麦土传病毒病防控技术规程》等135项农业行业标准目录

序号	标准号	标准名称	代替标准号
1	NY/T 4071—2022	小麦土传病毒病防控技术规程	
2	NY/T 4072—2022	棉花枯萎病测报技术规范	
3	NY/T 4073—2022	结球甘蓝机械化生产技术规程	
4	NY/T 4074—2022	向日葵全程机械化生产技术规范	
5	NY/T 4075—2022	桑黄等级规格	
6	NY/T 886—2022	农林保水剂	NY/T 886—2016
7	NY/T 1978—2022	肥料　汞、砷、镉、铅、铬、镍含量的测定	NY/T 1978—2010
8	NY/T 4076—2022	有机肥料　钙、镁、硫含量的测定	
9	NY/T 4077—2022	有机肥料　氯、钠含量的测定	
10	NY/T 4078—2022	多杀霉素悬浮剂	
11	NY/T 4079—2022	多杀霉素原药	
12	NY/T 4080—2022	威百亩可溶液剂	
13	NY/T 4081—2022	噁唑酰草胺乳油	
14	NY/T 4082—2022	噁唑酰草胺原药	
15	NY/T 4083—2022	噻虫啉原药	
16	NY/T 4084—2022	噻虫啉悬浮剂	
17	NY/T 4085—2022	乙氧磺隆水分散粒剂	
18	NY/T 4086—2022	乙氧磺隆原药	
19	NY/T 4087—2022	咪鲜胺锰盐可湿性粉剂	
20	NY/T 4088—2022	咪鲜胺锰盐原药	
21	NY/T 4089—2022	吲哚丁酸原药	
22	NY/T 4090—2022	甲氧咪草烟原药	
23	NY/T 4091—2022	甲氧咪草烟可溶液剂	
24	NY/T 4092—2022	右旋苯醚氰菊酯原药	
25	NY/T 4093—2022	甲基碘磺隆钠盐原药	
26	NY/T 4094—2022	精甲霜灵原药	
27	NY/T 4095—2022	精甲霜灵种子处理乳剂	
28	NY/T 4096—2022	甲咪唑烟酸可溶液剂	
29	NY/T 4097—2022	甲咪唑烟酸原药	
30	NY/T 4098—2022	虫螨腈悬浮剂	
31	NY/T 4099—2022	虫螨腈原药	
32	NY/T 4100—2022	杀螺胺(杀螺胺乙醇胺盐)可湿性粉剂	
33	NY/T 4101—2022	杀螺胺(杀螺胺乙醇胺盐)原药	
34	NY/T 4102—2022	乙螨唑悬浮剂	
35	NY/T 4103—2022	乙螨唑原药	
36	NY/T 4104—2022	唑螨酯原药	
37	NY/T 4105—2022	唑螨酯悬浮剂	
38	NY/T 4106—2022	氟吡菌胺原药	
39	NY/T 4107—2022	氟噻草胺原药	

（续）

序号	标准号	标准名称	代替标准号
40	NY/T 4108—2022	嗪草酮可湿性粉剂	
41	NY/T 4109—2022	嗪草酮水分散粒剂	
42	NY/T 4110—2022	嗪草酮悬浮剂	
43	NY/T 4111—2022	嗪草酮原药	
44	NY/T 4112—2022	二嗪磷颗粒剂	
45	NY/T 4113—2022	二嗪磷乳油	
46	NY/T 4114—2022	二嗪磷原药	
47	NY/T 4115—2022	胺鲜酯(胺鲜酯柠檬酸盐)可溶液剂	
48	NY/T 4116—2022	胺鲜酯(胺鲜酯柠檬酸盐)原药	
49	NY/T 4117—2022	乳氟禾草灵乳油	
50	NY/T 4118—2022	乳氟禾草灵原药	
51	NY/T 4119—2022	农药产品中有效成分含量测定通用分析方法　高效液相色谱法	
52	NY/T 4120—2022	饲料原料　腐植酸钠	
53	NY/T 4121—2022	饲料原料　玉米胚芽粕	
54	NY/T 4122—2022	饲料原料　鸡蛋清粉	
55	NY/T 4123—2022	饲料原料　甜菜糖蜜	
56	NY/T 2218—2022	饲料原料　发酵豆粕	NY/T 2218—2012
57	NY/T 724—2022	饲料中拉沙洛西钠的测定　高效液相色谱法	NY/T 724—2003
58	NY/T 2896—2022	饲料中斑蝥黄的测定　高效液相色谱法	NY/T 2896—2016
59	NY/T 914—2022	饲料中氢化可的松的测定	NY/T 914—2004
60	NY/T 4124—2022	饲料中 T-2 和 HT-2 毒素的测定　液相色谱-串联质谱法	
61	NY/T 4125—2022	饲料中淀粉糊化度的测定	
62	NY/T 1459—2022	饲料中酸性洗涤纤维的测定	NY/T 1459—2007
63	SC/T 1078—2022	中华绒螯蟹配合饲料	SC/T 1078—2004
64	NY/T 4126—2022	对虾幼体配合饲料	
65	NY/T 4127—2022	克氏原螯虾配合饲料	
66	SC/T 1074—2022	团头鲂配合饲料	SC/T 1074—2004
67	NY/T 4128—2022	渔用膨化颗粒饲料通用技术规范	
68	NY/T 4129—2022	草地家畜最适采食强度测算方法	
69	NY/T 4130—2022	草原矿区排土场植被恢复生物笆技术要求	
70	NY/T 4131—2022	多浪羊	
71	NY/T 4132—2022	和田羊	
72	NY/T 4133—2022	哈萨克羊	
73	NY/T 4134—2022	塔什库尔干羊	
74	NY/T 4135—2022	巴尔楚克羊	
75	NY/T 4136—2022	车辆洗消中心生物安全技术	
76	NY/T 4137—2022	猪细小病毒病诊断技术	
77	NY/T 1247—2022	禽网状内皮组织增殖症诊断技术	NY/T 1247—2006
78	NY/T 573—2022	动物弓形虫病诊断技术	NY/T 573—2002
79	NY/T 4138—2022	蜜蜂孢子虫病诊断技术	
80	NY/T 4139—2022	兽医流行病学调查与监测抽样技术	
81	NY/T 4140—2022	口蹄疫紧急流行病学调查技术	

（续）

序号	标准号	标准名称	代替标准号
82	NY/T 4141—2022	动物源细菌耐药性监测样品采集技术规程	
83	NY/T 4142—2022	动物源细菌抗菌药物敏感性测试技术规程　微量肉汤稀释法	
84	NY/T 4143—2022	动物源细菌抗菌药物敏感性测试技术规程　琼脂稀释法	
85	NY/T 4144—2022	动物源细菌抗菌药物敏感性测试技术规程　纸片扩散法	
86	NY/T 4145—2022	动物源金黄色葡萄球菌分离与鉴定技术规程	
87	NY/T 4146—2022	动物源沙门氏菌分离与鉴定技术规程	
88	NY/T 4147—2022	动物源肠球菌分离与鉴定技术规程	
89	NY/T 4148—2022	动物源弯曲杆菌分离与鉴定技术规程	
90	NY/T 4149—2022	动物源大肠埃希菌分离与鉴定技术规程	
91	SC/T 1135.7—2022	稻渔综合种养技术规范　第7部分:稻鲤(山丘型)	
92	SC/T 1157—2022	胭脂鱼	
93	SC/T 1158—2022	香鱼	
94	SC/T 1159—2022	兰州鲇	
95	SC/T 1160—2022	黑尾近红鲌	
96	SC/T 1161—2022	黑尾近红鲌　亲鱼和苗种	
97	SC/T 1162—2022	斑鳢　亲鱼和苗种	
98	SC/T 1163—2022	水产新品种生长性能测试　龟鳖类	
99	SC/T 2110—2022	中国对虾良种选育技术规范	
100	SC/T 6104—2022	工厂化鱼菜共生设施设计规范	
101	SC/T 6105—2022	沿海渔港污染防治设施设备配备总体要求	
102	NY/T 4150—2022	农业遥感监测专题制图技术规范	
103	NY/T 4151—2022	农业遥感监测无人机影像预处理技术规范	
104	NY/T 4152—2022	农作物种质资源库建设规范　低温种质库	
105	NY/T 4153—2022	农田景观生物多样性保护导则	
106	NY/T 4154—2022	农产品产地环境污染应急监测技术规范	
107	NY/T 4155—2022	农用地土壤环境损害鉴定评估技术规范	
108	NY/T 1263—2022	农业环境损害事件损失评估技术准则	NY/T 1263—2007
109	NY/T 4156—2022	外来入侵杂草精准监测与变量施药技术规范	
110	NY/T 4157—2022	农作物秸秆产生和可收集系数测算技术导则	
111	NY/T 4158—2022	农作物秸秆资源台账数据调查与核算技术规范	
112	NY/T 4159—2022	生物炭	
113	NY/T 4160—2022	生物炭基肥料田间试验技术规范	
114	NY/T 4161—2022	生物质热裂解炭化工艺技术规程	
115	NY/T 4162.1—2022	稻田氮磷流失防控技术规范　第1部分:控水减排	
116	NY/T 4162.2—2022	稻田氮磷流失防控技术规范　第2部分:控源增汇	
117	NY/T 4163.1—2022	稻田氮磷流失综合防控技术指南　第1部分:北方单季稻	
118	NY/T 4163.2—2022	稻田氮磷流失综合防控技术指南　第2部分:双季稻	
119	NY/T 4163.3—2022	稻田氮磷流失综合防控技术指南　第3部分:水旱轮作	
120	NY/T 4164—2022	现代农业全产业链标准化技术导则	
121	NY/T 472—2022	绿色食品　兽药使用准则	NY/T 472—2013
122	NY/T 755—2022	绿色食品　渔药使用准则	NY/T 755—2013
123	NY/T 4165—2022	柑橘电商冷链物流技术规程	

（续）

序号	标准号	标准名称	代替标准号
124	NY/T 4166—2022	苹果电商冷链物流技术规程	
125	NY/T 4167—2022	荔枝冷链流通技术要求	
126	NY/T 4168—2022	果蔬预冷技术规范	
127	NY/T 4169—2022	农产品区域公用品牌建设指南	
128	NY/T 4170—2022	大豆市场信息监测要求	
129	NY/T 4171—2022	12316 平台管理要求	
130	NY/T 4172—2022	沼气工程安全生产监控技术规范	
131	NY/T 4173—2022	沼气工程技术参数试验方法	
132	NY/T 2596—2022	沼肥	NY/T 2596—2014
133	NY/T 860—2022	户用沼气池密封涂料	NY/T 860—2004
134	NY/T 667—2022	沼气工程规模分类	NY/T 667—2011
135	NY/T 4174—2022	食用农产品生物营养强化通则	

农　业　农　村　部
国家卫生健康委员会
国家市场监督管理总局
公　告
第594号

根据《中华人民共和国食品安全法》规定，经食品安全国家标准审评委员会审查通过，现发布《食品安全国家标准　食品中41种兽药最大残留限量》(GB 31650.1—2022)及21项兽药残留检测方法食品安全国家标准，自2023年2月1日起实施。标准编号和名称见附件，标准文本可在中国农产品质量安全网(http://www.aqsc.org)查阅下载。

附件:《食品安全国家标准　食品中41种兽药最大残留限量》(GB 31650.1—2022)及21项兽药残留检测方法食品安全国家标准目录

农业农村部
国家卫生健康委员会
国家市场监督管理总局
2022年9月20日

附录

附件：

《食品安全国家标准　食品中 41 种兽药最大残留限量》(GB 31650.1—2022)及 21 项兽药残留检测方法食品安全国家标准目录

序号	标准号	标准名称	代替标准号
1	GB 31650.1—2022	食品安全国家标准　食品中 41 种兽药最大残留限量	
2	GB 31613.4—2022	食品安全国家标准　牛可食性组织中吡利霉素残留量的测定　液相色谱-串联质谱法	
3	GB 31613.5—2022	食品安全国家标准　鸡可食组织中抗球虫药物残留量的测定　液相色谱-串联质谱法	
4	GB 31613.6—2022	食品安全国家标准　猪和家禽可食性组织中维吉尼亚霉素 M_1 残留量的测定　液相色谱-串联质谱法	
5	GB 31659.2—2022	食品安全国家标准　禽蛋、奶和奶粉中多西环素残留量的测定　液相色谱-串联质谱法	
6	GB 31659.3—2022	食品安全国家标准　奶和奶粉中头孢类药物残留量的测定　液相色谱-串联质谱法	GB/T 22989—2008
7	GB 31659.4—2022	食品安全国家标准　奶及奶粉中阿维菌素类药物残留量的测定　液相色谱-串联质谱法	GB/T 22968—2008
8	GB 31659.5—2022	食品安全国家标准　牛奶中利福昔明残留量的测定　液相色谱-串联质谱法	
9	GB 31659.6—2022	食品安全国家标准　牛奶中氯前列醇残留量的测定　液相色谱-串联质谱法	
10	GB 31656.14—2022	食品安全国家标准　水产品中 27 种性激素残留量的测定　液相色谱-串联质谱法	
11	GB 31656.15—2022	食品安全国家标准　水产品中甲苯咪唑及其代谢物残留量的测定　液相色谱-串联质谱法	
12	GB 31656.16—2022	食品安全国家标准　水产品中氯霉素、甲砜霉素、氟苯尼考和氟苯尼考胺残留量的测定　气相色谱法	
13	GB 31656.17—2022	食品安全国家标准　水产品中二硫氰基甲烷残留量的测定　气相色谱法	
14	GB 31657.3—2022	食品安全国家标准　蜂产品中头孢类药物残留量的测定　液相色谱-串联质谱法	GB/T 22942—2008
15	GB 31658.18—2022	食品安全国家标准　动物性食品中三氮脒残留量的测定　高效液相色谱法	
16	GB 31658.19—2022	食品安全国家标准　动物性食品中阿托品、东莨菪碱、山莨菪碱、利多卡因、普鲁卡因残留量的测定　液相色谱-串联质谱法	
17	GB 31658.20—2022	食品安全国家标准　动物性食品中酰胺醇类药物及其代谢物残留量的测定　液相色谱-串联质谱法	
18	GB 31658.21—2022	食品安全国家标准　动物性食品中左旋咪唑残留量的测定　液相色谱-串联质谱法	
19	GB 31658.22—2022	食品安全国家标准　动物性食品中 β-受体激动剂残留量的测定　液相色谱-串联质谱法	GB/T 22286—2008 GB/T 21313—2007
20	GB 31658.23—2022	食品安全国家标准　动物性食品中硝基咪唑类药物残留量的测定　液相色谱-串联质谱法	
21	GB 31658.24—2022	食品安全国家标准　动物性食品中赛杜霉素残留量的测定　液相色谱-串联质谱法	
22	GB 31658.25—2022	食品安全国家标准　动物性食品中 10 种利尿药残留量的测定　液相色谱-串联质谱法	

国家卫生健康委员会
农　业　农　村　部
国家市场监督管理总局
公　　告
2022年　第6号

根据《中华人民共和国食品安全法》规定，经食品安全国家标准审评委员会审查通过，现发布《食品安全国家标准　食品中2,4-滴丁酸钠盐等112种农药最大残留限量》(GB 2763.1—2022)标准。

本标准自发布之日起6个月正式实施。标准文本可在中国农产品质量安全网(http://www.aqsc.org)查阅下载，文本内容由农业农村部负责解释。

特此公告。

国家卫生健康委员会

农业农村部

国家市场监督管理总局

2022年11月11日

中华人民共和国农业农村部公告
第 618 号

《稻田油菜免耕飞播生产技术规程》等 160 项标准业经专家审定通过，现批准发布为中华人民共和国农业行业标准，自 2023 年 3 月 1 日起实施。标准编号和名称见附件。该批标准文本由中国农业出版社出版，可于发布之日起 2 个月后在中国农产品质量安全网(http://www.aqsc.org)查阅。

特此公告。

附件：《稻田油菜免耕飞播生产技术规程》等 160 项农业行业标准目录

农业农村部

2022 年 11 月 11 日

附件：

《稻田油菜免耕飞播生产技术规程》等160项农业行业标准目录

序号	标准号	标准名称	代替标准号
1	NY/T 4175—2022	稻田油菜免耕飞播生产技术规程	
2	NY/T 4176—2022	青稞栽培技术规程	
3	NY/T 594—2022	食用粳米	NY/T 594—2013
4	NY/T 595—2022	食用籼米	NY/T 595—2013
5	NY/T 832—2022	黑米	NY/T 832—2004
6	NY/T 4177—2022	旱作农业　术语与定义	
7	NY/T 4178—2022	大豆开花期光温敏感性鉴定技术规程	
8	NY/T 4179—2022	小麦茎基腐病测报技术规范	
9	NY/T 4180—2022	梨火疫病监测规范	
10	NY/T 4181—2022	草地贪夜蛾抗药性监测技术规程	
11	NY/T 4182—2022	农作物病虫害监测设备技术参数与性能要求	
12	NY/T 4183—2022	农药使用人员个体防护指南	
13	NY/T 4184—2022	蜜蜂中57种农药及其代谢物残留量的测定　液相色谱-质谱联用法和气相色谱-质谱联用法	
14	NY/T 4185—2022	易挥发化学农药对蚯蚓急性毒性试验准则	
15	NY/T 4186—2022	化学农药　鱼类早期生活阶段毒性试验准则	
16	NY/T 4187—2022	化学农药　鸟类繁殖试验准则	
17	NY/T 4188—2022	化学农药　大型溞繁殖试验准则	
18	NY/T 4189—2022	化学农药　两栖类动物变态发育试验准则	
19	NY/T 4190—2022	化学农药　蚯蚓田间试验准则	
20	NY/T 4191—2022	化学农药　土壤代谢试验准则	
21	NY/T 4192—2022	化学农药　水-沉积物系统代谢试验准则	
22	NY/T 4193—2022	化学农药　高效液相色谱法估算土壤吸附系数试验准则	
23	NY/T 4194.1—2022	化学农药　鸟类急性经口毒性试验准则　第1部分：序贯法	
24	NY/T 4194.2—2022	化学农药　鸟类急性经口毒性试验准则　第2部分：经典剂量效应法	
25	NY/T 4195.1—2022	农药登记环境影响试验生物试材培养　第1部分：蜜蜂	
26	NY/T 4195.2—2022	农药登记环境影响试验生物试材培养　第2部分：日本鹌鹑	
27	NY/T 4195.3—2022	农药登记环境影响试验生物试材培养　第3部分：斑马鱼	
28	NY/T 4195.4—2022	农药登记环境影响试验生物试材培养　第4部分：家蚕	
29	NY/T 4195.5—2022	农药登记环境影响试验生物试材培养　第5部分：大型溞	

（续）

序号	标准号	标准名称	代替标准号
30	NY/T 4195.6—2022	农药登记环境影响试验生物试材培养　第 6 部分:近头状尖胞藻	
31	NY/T 4195.7—2022	农药登记环境影响试验生物试材培养　第 7 部分:浮萍	
32	NY/T 4195.8—2022	农药登记环境影响试验生物试材培养　第 8 部分:赤子爱胜蚓	
33	NY/T 2882.9—2022	农药登记　环境风险评估指南　第 9 部分:混配制剂	
34	NY/T 4196.1—2022	农药登记环境风险评估标准场景　第 1 部分:场景构建方法	
35	NY/T 4196.2—2022	农药登记环境风险评估标准场景　第 2 部分:水稻田标准场景	
36	NY/T 4196.3—2022	农药登记环境风险评估标准场景　第 3 部分:旱作地下水标准场景	
37	NY/T 4197.1—2022	微生物农药　环境风险评估指南　第 1 部分:总则	
38	NY/T 4197.2—2022	微生物农药　环境风险评估指南　第 2 部分:鱼类	
39	NY/T 4197.3—2022	微生物农药　环境风险评估指南　第 3 部分:溞类	
40	NY/T 4197.4—2022	微生物农药　环境风险评估指南　第 4 部分:鸟类	
41	NY/T 4197.5—2022	微生物农药　环境风险评估指南　第 5 部分:蜜蜂	
42	NY/T 4197.6—2022	微生物农药　环境风险评估指南　第 6 部分:家蚕	
43	NY/T 4198—2022	肥料质量监督抽查　抽样规范	
44	NY/T 2634—2022	棉花品种真实性鉴定　SSR 分子标记法	NY/T 2634—2014
45	NY/T 4199—2022	甜瓜品种真实性鉴定　SSR 分子标记法	
46	NY/T 4200—2022	黄瓜品种真实性鉴定　SSR 分子标记法	
47	NY/T 4201—2022	梨品种鉴定　SSR 分子标记法	
48	NY/T 4202—2022	菜豆品种鉴定　SSR 分子标记法	
49	NY/T 3060.9—2022	大麦品种抗病性鉴定技术规程　第 9 部分:抗云纹病	
50	NY/T 3060.10—2022	大麦品种抗病性鉴定技术规程　第 10 部分:抗黑穗病	
51	NY/T 4203—2022	塑料育苗穴盘	
52	NY/T 4204—2022	机械化种植水稻品种筛选方法	
53	NY/T 4205—2022	农作物品种数字化管理数据描述规范	
54	NY/T 1299—2022	农作物品种试验与信息化技术规程　大豆	NY/T 1299—2014
55	NY/T 1300—2022	农作物品种试验与信息化技术规程　水稻	NY/T 1300—2007
56	NY/T 4206—2022	茭白种质资源收集、保存与评价技术规程	
57	NY/T 4207—2022	植物品种特异性、一致性和稳定性测试指南　黄花蒿	
58	NY/T 4208—2022	植物品种特异性、一致性和稳定性测试指南　蟹爪兰属	
59	NY/T 4209—2022	植物品种特异性、一致性和稳定性测试指南　忍冬	
60	NY/T 4210—2022	植物品种特异性、一致性和稳定性测试指南　梨砧木	
61	NY/T 4211—2022	植物品种特异性、一致性和稳定性测试指南　量天尺属	
62	NY/T 4212—2022	植物品种特异性、一致性和稳定性测试指南　番石榴	
63	NY/T 4213—2022	植物品种特异性、一致性和稳定性测试指南　重齿当归	
64	NY/T 4214—2022	植物品种特异性、一致性和稳定性测试指南　广东万年青属	
65	NY/T 4215—2022	植物品种特异性、一致性和稳定性测试指南　麦冬	
66	NY/T 4216—2022	植物品种特异性、一致性和稳定性测试指南　拟石莲属	
67	NY/T 4217—2022	植物品种特异性、一致性和稳定性测试指南　蝉花	

（续）

序号	标准号	标准名称	代替标准号
68	NY/T 4218—2022	植物品种特异性、一致性和稳定性测试指南　兵豆属	
69	NY/T 4219—2022	植物品种特异性、一致性和稳定性测试指南　甘草属	
70	NY/T 4220—2022	植物品种特异性、一致性和稳定性测试指南　救荒野豌豆	
71	NY/T 4221—2022	植物品种特异性、一致性和稳定性测试指南　羊肚菌属	
72	NY/T 4222—2022	植物品种特异性、一致性和稳定性测试指南　刀豆	
73	NY/T 4223—2022	植物品种特异性、一致性和稳定性测试指南　腰果	
74	NY/T 4224—2022	浓缩天然胶乳　无氨保存离心胶乳　规格	
75	NY/T 459—2022	天然生胶　子午线轮胎橡胶	NY/T 459—2011
76	NY/T 4225—2022	天然生胶　脂肪酸含量的测定　气相色谱法	
77	NY/T 2667.18—2022	热带作物品种审定规范　第18部分:莲雾	
78	NY/T 2667.19—2022	热带作物品种审定规范　第19部分:草果	
79	NY/T 2668.18—2022	热带作物品种试验技术规程　第18部分:莲雾	
80	NY/T 2668.19—2022	热带作物品种试验技术规程　第19部分:草果	
81	NY/T 4226—2022	杨桃苗木繁育技术规程	
82	NY/T 4227—2022	油梨种苗繁育技术规程	
83	NY/T 4228—2022	荔枝高接换种技术规程	
84	NY/T 4229—2022	芒果种质资源保存技术规程	
85	NY/T 1808—2022	热带作物种质资源描述规范　芒果	NY/T 1808—2009
86	NY/T 4230—2022	香蕉套袋技术操作规程	
87	NY/T 4231—2022	香蕉采收及采后处理技术规程	
88	NY/T 4232—2022	甘蔗尾梢发酵饲料生产技术规程	
89	NY/T 4233—2022	火龙果　种苗	
90	NY/T 694—2022	罗汉果	NY/T 694—2003
91	NY/T 4234—2022	芒果品种鉴定　MNP标记法	
92	NY/T 4235—2022	香蕉枯萎病防控技术规范	
93	NY/T 4236—2022	菠萝水心病测报技术规范	
94	NY/T 4237—2022	菠萝等级规格	
95	NY/T 1436—2022	莲雾等级规格	NY/T 1436—2007
96	NY/T 4238—2022	菠萝良好农业规范	
97	NY/T 4239—2022	香蕉良好农业规范	
98	NY/T 4240—2022	西番莲良好农业规范	
99	NY/T 4241—2022	生咖啡和焙炒咖啡　整豆自由流动堆密度的测定(常规法)	
100	NY/T 4242—2022	鲁西牛	
101	NY/T 1335—2022	牛人工授精技术规程	NY/T 1335—2007
102	NY/T 4243—2022	畜禽养殖场温室气体排放核算方法	
103	SC/T 1164—2022	陆基推水集装箱式水产养殖技术规程　罗非鱼	
104	SC/T 1165—2022	陆基推水集装箱式水产养殖技术规程　草鱼	
105	SC/T 1166—2022	陆基推水集装箱式水产养殖技术规程　大口黑鲈	
106	SC/T 1167—2022	陆基推水集装箱式水产养殖技术规程　乌鳢	
107	SC/T 2049—2022	大黄鱼　亲鱼和苗种	SC/T 2049.1—2006、SC/T 2049.2—2006
108	SC/T 2113—2022	长蛸	

（续）

序号	标准号	标准名称	代替标准号
109	SC/T 2114—2022	近江牡蛎	
110	SC/T 2115—2022	日本白姑鱼	
111	SC/T 2116—2022	条石鲷	
112	SC/T 2117—2022	三疣梭子蟹良种选育技术规范	
113	SC/T 2118—2022	浅海筏式贝类养殖容量评估方法	
114	SC/T 2119—2022	坛紫菜苗种繁育技术规范	
115	SC/T 2120—2022	半滑舌鳎人工繁育技术规范	
116	SC/T 3003—2022	渔获物装卸技术规范	SC/T 3003—1988
117	SC/T 3013—2022	贝类净化技术规范	SC/T 3013—2002
118	SC/T 3014—2022	干条斑紫菜加工技术规程	SC/T 3014—2002
119	SC/T 3055—2022	藻类产品分类与名称	
120	SC/T 3056—2022	鲟鱼子酱加工技术规程	
121	SC/T 3057—2022	水产品及其制品中磷脂含量的测定　液相色谱法	
122	SC/T 3115—2022	冻章鱼	SC/T 3115—2006
123	SC/T 3122—2022	鱿鱼等级规格	SC/T 3122—2014
124	SC/T 3123—2022	养殖大黄鱼质量等级评定规则	
125	SC/T 3407—2022	食用琼胶	
126	SC/T 3503—2022	多烯鱼油制品	SC/T 3503—2000
127	SC/T 3507—2022	南极磷虾粉	
128	SC/T 5109—2022	观赏性水生动物养殖场条件　海洋甲壳动物	
129	SC/T 5713—2022	金鱼分级　虎头类	
130	SC/T 7015—2022	病死水生动物及病害水生动物产品无害化处理规范	SC/T 7015—2011
131	SC/T 7018—2022	水生动物疫病流行病学调查规范	SC/T 7018.1—2012
132	SC/T 7025—2022	鲤春病毒血症(SVC)监测技术规范	
133	SC/T 7026—2022	白斑综合征(WSD)监测技术规范	
134	SC/T 7027—2022	急性肝胰腺坏死病(AHPND)监测技术规范	
135	SC/T 7028—2022	水产养殖动物细菌耐药性调查规范　通则	
136	SC/T 7216—2022	鱼类病毒性神经坏死病诊断方法	SC/T 7216—2012
137	SC/T 7242—2022	罗氏沼虾白尾病诊断方法	
138	SC/T 9440—2022	海草床建设技术规范	
139	SC/T 9442—2022	人工鱼礁投放质量评价技术规范	
140	NY/T 4244—2022	农业行业标准审查技术规范	
141	NY/T 4245—2022	草莓生产全程质量控制技术规范	
142	NY/T 4246—2022	葡萄生产全程质量控制技术规范	
143	NY/T 4247—2022	设施西瓜生产全程质量控制技术规范	
144	NY/T 4248—2022	水稻生产全程质量控制技术规范	
145	NY/T 4249—2022	芹菜生产全程质量控制技术规范	
146	NY/T 4250—2022	干制果品包装标识技术要求	
147	NY/T 2900—2022	报废农业机械回收拆解技术规范	NY/T 2900—2016
148	NY/T 4251—2022	牧草全程机械化生产技术规范	
149	NY/T 4252—2022	标准化果园全程机械化生产技术规范	
150	NY/T 4253—2022	茶园全程机械化生产技术规范	

（续）

序号	标准号	标准名称	代替标准号
151	NY/T 4254—2022	生猪规模化养殖设施装备配置技术规范	
152	NY/T 4255—2022	规模化孵化场设施装备配置技术规范	
153	NY/T 1408.7—2022	农业机械化水平评价　第7部分:丘陵山区	
154	NY/T 4256—2022	丘陵山区农田宜机化改造技术规范	
155	NY/T 4257—2022	农业机械通用技术参数一般测定方法	
156	NY/T 4258—2022	植保无人飞机　作业质量	
157	NY/T 4259—2022	植保无人飞机　安全施药技术规程	
158	NY/T 4260—2022	植保无人飞机防治小麦病虫害作业规程	
159	NY/T 4261—2022	农业大数据安全管理指南	
160	NY/T 4262—2022	肉及肉制品中7种合成红色素的测定　液相色谱-串联质谱法	

中华人民共和国农业农村部公告
第 627 号

《饲料中环丙安嗪的测定》等 2 项标准业经专家审定通过，现批准发布为中华人民共和国国家标准，自 2023 年 3 月 1 日起实施。标准编号和名称见附件。该批标准文本由中国农业出版社出版，可于发布之日起 2 个月后在中国农产品质量安全网（http://www.aqsc.org）查阅。

特此公告。

附件：《饲料中环丙安嗪的测定》等 2 项国家标准目录

农业农村部

2022 年 12 月 19 日

附件：

《饲料中环丙安嗪的测定》等2项国家标准目录

序号	标准号	标准名称	代替标准号
1	农业农村部公告第627号—1—2022	饲料中环丙氨嗪的测定	
2	农业农村部公告第627号—2—2022	饲料中二羟丙茶碱的测定　液相色谱-串联质谱法	

附录

中华人民共和国农业农村部公告
第628号

《转基因植物及其产品环境安全检测　抗病毒番木瓜　第1部分:抗病性》等13项标准业经专家审定通过,现批准发布为中华人民共和国国家标准,自2023年3月1日起实施。标准编号和名称见附件。该批标准文本由中国农业出版社出版,可于发布之日起2个月后在中国农产品质量安全网(http://www.aqsc.org)查阅。

特此公告。

附件:《转基因植物及其产品环境安全检测　抗病毒番木瓜　第1部分:抗病性》等13项国家标准目录

农业农村部

2022年12月19日

附件：

《转基因植物及其产品环境安全检测　抗病毒番木瓜　第1部分：抗病性》等13项国家标准目录

序号	标准号	标准名称	代替标准号
1	农业农村部公告第628号—1—2022	转基因植物及其产品环境安全检测　抗病毒番木瓜　第1部分：抗病性	
2	农业农村部公告第628号—2—2022	转基因植物及其产品环境安全检测　抗病毒番木瓜　第2部分：生存竞争能力	
3	农业农村部公告第628号—3—2022	转基因植物及其产品环境安全检测　抗病毒番木瓜　第3部分：外源基因漂移	
4	农业农村部公告第628号—4—2022	转基因植物及其产品环境安全检测　抗病毒番木瓜　第4部分：生物多样性影响	
5	农业农村部公告第628号—5—2022	转基因植物及其产品环境安全检测　抗虫棉花　第1部分：对靶标害虫的抗虫性	农业部1943号公告—3—2013
6	农业农村部公告第628号—6—2022	转基因植物环境安全检测　外源杀虫蛋白对非靶标生物影响　第10部分：大型蚤	
7	农业农村部公告第628号—7—2022	转基因植物及其产品成分检测　抗虫转Bt基因棉花外源Bt蛋白表达量ELISA检测方法	农业部1943号公告—4—2013
8	农业农村部公告第628号—8—2022	转基因植物及其产品成分检测　bar和pat基因定性PCR方法	农业部1782号公告—6—2012
9	农业农村部公告第628号—9—2022	转基因植物及其产品成分检测　大豆常见转基因成分筛查	
10	农业农村部公告第628号—10—2022	转基因植物及其产品成分检测　油菜常见转基因成分筛查	
11	农业农村部公告第628号—11—2022	转基因植物及其产品成分检测　水稻常见转基因成分筛查	
12	农业农村部公告第628号—12—2022	转基因生物及其产品食用安全检测　大豆中寡糖含量的测定　液相色谱法	
13	农业农村部公告第628号—13—2022	转基因生物及其产品食用安全检测　抗营养因子　大豆中凝集素检测方法　液相色谱-串联质谱法	

图书在版编目（CIP）数据

农业国家标准汇编．2024 / 标准质量出版分社编
．—北京：中国农业出版社，2024．3
ISBN 978-7-109-31817-5

Ⅰ．①农… Ⅱ．①标… Ⅲ．①农业—行业标准—汇编
—中国—2024 Ⅳ．①S-65

中国国家版本馆 CIP 数据核字（2024）第 057599 号

农业国家标准汇编（2024）
NONGYE GUOJIA BIAOZHUN HUIBIAN（2024）

中国农业出版社出版
地址：北京市朝阳区麦子店街 18 号楼
邮编：100125
责任编辑：刘 伟 胡烨芳
版式设计：王 晨 责任校对：周丽芳
印刷：北京印刷一厂
版次：2024 年 3 月第 1 版
印次：2024 年 3 月北京第 1 次印刷
发行：新华书店北京发行所
开本：880mm×1230mm 1/16
印张：17.25
字数：559 千字
定价：170.00 元
